[美] 阿尔弗雷德·S.波萨门蒂 著

涂泓 译 冯承天 译校

数学奇观

让数学之美带给你灵感与启发

上海科技教育出版社

图书在版编目(CIP)数据

数学奇观:让数学之美带给你灵感与启发/(美)阿尔弗雷德·S.波萨门蒂著;涂泓译. —上海:上海科技教育出版社,2022.3
(数学桥丛书)
书名原文:Math Wonders:To Inspire Teachers and Students
ISBN 978-7-5428-7716-1

Ⅰ.①数… Ⅱ.①阿… ②涂… Ⅲ.①数学—普及读物 Ⅳ.①O1-49

中国版本图书馆CIP数据核字(2022)第026378号

责任编辑 卢 源 吴 昀
封面设计 符 劼

数学桥丛书

数学奇观——让数学之美带给你灵感与启发

[美]阿尔弗雷德·S.波萨门蒂 著

涂 泓 译 冯承天 译校

出版发行 上海科技教育出版社有限公司
（上海市闵行区号景路159弄A座8楼 邮政编码201101）
网 址 www.sste.com www.ewen.co
经 销 各地新华书店
印 刷 上海商务联西印刷有限公司
开 本 720×1000 1/16
印 张 19.25
版 次 2022年3月第1版
印 次 2022年3月第1次印刷
书 号 ISBN 978-7-5428-7716-1/O·1155
图 字 09-2013-639号
定 价 78.00元

序　言

罗素^①曾经写道："数学不仅拥有真,而且拥有非凡的美,一种如雕塑般冷峻而朴素的美,一种屹立不摇的美。极其纯净,能够臻于一种不可撼动的极致,就如同只有最伟大的艺术才能呈现的那样。"

罗素与怀特海^②合著了不朽的《数学原理》(*Principia Mathematica*),这本巨著无论如何都不能视为是一件艺术品,更不用说有什么非凡的美了,此罗素可能是彼罗素吗? 我们该相信谁呢?

首先让我这样说:我在几年前第一次读到这段陈述,我完全同意罗素的观点。不过,我在数十年前就独立地得出了相同的看法,当时我十一二岁,第一次听说有柏拉图多面体(它们是一些完全对称的三维图形,即所谓多面体,它们的各面、各边和各角全都相同——共有五种这样的多面体)。我当时正在阅读一本有关趣味数学的书籍,其中不仅有这五种柏拉图多面体的图片,还有可以方便地做出这些多面体的结构展开图。这些图片给我留下了非常深刻的印象。直到我做出了所有这五种多面体的硬纸板模型,我才得以安定下来。这是我的数学入门课。这些柏拉图多面体事实上(正

---

① 罗素(Betrand Russell, 1872—1970),英国哲学家、数学家和逻辑学家,1950年诺贝尔文学奖获得者,分析哲学的创始人之一。——译注

② 怀特海(Alfred Whitehead, 1861—1947),英国数学家、哲学家,"过程哲学"的创始人。——译注

如罗素说的那样)都具有非凡的美,与此同时,它们所体现的对称性对于数学具有重要的含义,对几何学与代数学都产生过重要影响。于是,从非常现实的意义上来说,可以认为它们提供了几何学与代数学之间的连接环节。尽管我不能自称在大约70年前就已理解了这种关联的全部意义,不过我认为可以公正地说,这一初次相遇激发了我随后70年中对数学的热爱。

我们的下一次相遇笼罩在时间的迷雾之中,不过我确定无疑地记得,这次相遇是与曲线有关的。当时我正沉迷于我在阅读过程中偶然发现的一条曲线(可能是心形曲线或是蔓叶线)的形状及其数学描述,以至于让我又一次不得安宁,直到我在两个月的暑假期间深入地探究了在百科全书中能够找到的所有曲线。那时我大概十三四岁。我发现它们的形状、无穷无尽的变化形式,以及各种几何性质,都具有无法描述的美。

在那个永远难忘的夏天开始时,我还不能够理解一条曲线的方程意味着什么,这种方程几乎在每篇文章的开头都一成不变地出现。不过,如果你在两个月期间每天都花上四五个小时,那么你最终会理解一条曲线与其方程之间、几何学与代数学之间的关联,而这种关联本身就具有意义深远的美。同样也是以这种方式,我学习了解析几何,这个学习过程毫无痛苦,也毫不费力,事实上是一种乐趣,因为每一条曲线都揭示出其隐藏的宝藏——全都是美的,有许多是意义深远的。因此,那是一个我永远不会忘怀的夏天,这有什么好奇怪的呢?

如今，摆线只不过是无穷多种不同曲线之一，这些曲线有的平坦，有的卷曲，它们所具有的大量特性，被罗素恰如其分地描述为"非凡的美"，并且"能够臻于一种不可撼动的极致"。本书给出的这些例子清晰地表明，数学这本伟大的书籍一直都展开在我们的眼前，而真正的哲学就写在其中（改写自伽利略的话）。读者们受邀去翻开并欣赏它。我再也不曾合上过它，这有什么好奇怪的呢？

我想为你讲述这些美丽曲线中的一条，不过更加恰当的做法还是将此讨论归入这本精彩的书中的一节。因此，如果你希望看看在我年轻时激发起我对数学的兴趣的那类事物，那么请读一下8.13节。

为什么我现在要讲述这些插曲？你即将开始阅读的是一本奇妙的书，它经过精心构思，以让读者你，并最终让你的学生们，产生对数学的兴趣。我们不可能确定某个读者会对什么内容感兴趣。对我而言，吸引我的是那些形状对称的立体图形和曲线；对你而言，情况可能会截然不同。不过，由于本书涉及广泛而多样的专题和主题，人人都会各得其所，也希望所有人都能收获良多。我和波萨门蒂博士共同合作过好几个写作项目，因此我非常了解他渴望向缺乏数学知识的人们展示数学之美的迫切之心。他带着令人钦佩的热情做这件事。这一点在本书中表露无遗，从对专题的选择开始（这些专题本身就非常引人入胜），到他清晰而舒畅的表述。他尽一切努力去避免让一个可能不熟悉的术语或者概念不经定义地溜过去。

因此，你在本书中获得了能够唤起数学之美的所有材料，这些材料以一种浅显易懂的风格呈现出来——这就是本书的首要目标。让社会上更多的群体来与我们分享数学的美丽点滴,这是每一位数学家的愿望。就我而言,我将早期对数学的热爱带进了科学研究实验室。在那里,它为我提供了许多科学家所不具有的洞察力。对于数学结构的这种真正的热爱,让我得以解出了困扰化学界数十年之久的那些问题。1985年,作为对我的工作的奖励,我获得了诺贝尔化学奖,对此我感到意外的荣幸。我后来得知,我是首位获得诺贝尔科学奖的数学家。所有这一切,都是早期深深爱上了数学之美的结果。也许本书会为你的学生们打开一些新的天地,而数学会在这些天地中向他们显露其独有的美。对于本书为他们呈现那些新的理念或良机的方式,你可能会惊喜不已。当你拥有了一个对学数学积极性大增的班级,带领着他们领略既美又有用的数学,那么你自己也会受益匪浅。

豪普特曼(Herbert A. Hauptman)博士
1985年诺贝尔化学奖获得者
豪普特曼—伍德沃德医学研究所主席兼首席执行官
纽约州布法罗市

前　言

撰写本书的灵感，来自我为《纽约时报》(The New York Time)①撰写的一篇专栏文章所引起的非凡回应。在那篇文章里，我提出，在设法激发年轻人对数学的学习兴趣时，要让人们相信数学是美的，而不是像大多数情况下那样只是强调数学的有用之处。我提到这一年的年份2002②是一个回文数，并以此来激发读者的兴趣，随后又继续展示了回文数的一些有趣的方面。我本可以更进一步，让读者用2002这个数做乘法，因为这也揭示出我们数制的某些美丽的联系（或者说奇巧之处）。例如，请看一下下面选出的用到2002的几个乘积：

$$2002 \times 4 = 8008$$
$$2002 \times 37 = 74\,074$$
$$2002 \times 98 = 196\,196$$
$$2002 \times 123 = 246\,246$$
$$2002 \times 444 = 888\,888$$
$$2002 \times 555 = 1\,111\,110$$

在这篇文章发表之后，我收到了500多封来信和电子邮件，大家都支持这一观点，并询问能让人们领会和欣赏数学之美的方法和

① 2002年1月2日。——原注
② 顺便说一下，2002是美妙的素数系列2、7、11和13之积。——原注

材料。我希望能以本书回应要求展示数学之美的广大呼声。教师们是派往数学这个美丽王国的最佳使节。因此,我只是希望用本书打开通往数学的这一方面的大门。请记住,这只是一块敲门砖而已。一旦你开始领会到有那么多可选的内容能够吸引年轻人逐渐爱上这一卓越的、经受过时间考验的学科,你就会着手建立起一个书库,收录更多能在恰当时刻使用的理念。

这引导我产生了另一种想法。很明显,所选主题和程度必须适合目标读者,而且教师对这一门学科的热情,以及教授它的方式,也同样重要。在大多数情况下,本书中的这些章节内容对你的学生们而言已经足够。不过,会有那么一些学生,他们对某一个主题会想要得到更加全面深入的研究。为了帮助他们,书中的许多章节(通常以脚注的形式)提供了进一步的信息。

当我在社交场合遇到一些人,而他们发现我感兴趣的领域是数学时,我通常都会听到洋洋自得的感叹:"哦,我的数学一直很糟糕!"在学校课程中,会让一个成年人因学不好而感到自豪的,就只有数学了。数学差居然是一种荣誉的象征。为什么会是这样?承认自己能胜任这个领域会让人感到难堪吗?而且为什么有这么多人确实数学差呢?能做些什么来改变这种趋势吗?如果有什么人能给出这个问题的权威答案,那么他/她就会成为这个国家教育界的超级明星。我们只能推测问题出自何处,然后再从这个视角出发,希望能纠正它。我坚信,这个问题的根源就在于数学所固有的不得人心。不过,它为什么如此不得人心呢?经常使用数学的那些人都觉得这不是什么问题,但是那些不以数学为研究领域的人,可能已经陷入困境了。我们最终是要展示数学内在的美,从而能引导那些日常并不需要它的学生们去欣赏它,不仅因为它有用,而且因为它很美。这就是本书的目标:通过数学在各种不同分支中的大量实例,来充分地阐明数学之美。为了让这些例子具有吸引力和实用性,选择的原则是:第一次阅读就能够容易地理解它们,而且它们具备特有的不寻常性。

我们对数学具有如此势不可挡的"恐惧",从而导致对这一学科总体上的逃避,引发这种情况的社会层面的缺陷何在?自古以来,我们就被告知,对于我们准备从事的几乎任何事业,数学都是很重要的。当要鼓励一个年幼的孩子在学校数学上表现出色时,通常都是这样讲的:"如果你想成为一名_____的话,你会需要数学的。"对这个年幼的孩子而言,这是一个毫无用处的理由,因为他还没有关注过任何事业目标。于是,这就是一句空话。有时候,一个孩子被告知要"在数学上表现更好些,否则的话就会_____"。同样,这对这个孩子也不具有持久的效果,他只会尽力做到刚好避免惩罚而已。他关注数学只是为了避免来自父母更多的责难。现在,有了本书中的这些材料,我们就可以攻克如何吸引孩子们爱上数学这个难题了。

让数学不受大众欢迎的情况进一步恶化的是,对数学不如其他科目出色的孩子,他的父母会安慰他说,他们自己在学生时代数学也不好。这种负面的行为榜样可能会对一个孩子学习数学的积极性产生最坏的影响。因此,你的职责就是要去抵消这些似乎来自四面八方的对数学的诋毁。同样,有了本书中的这些材料,你就能够展示数学之美,而不仅仅是告诉孩子们数学这玩意儿很棒①。向他们展示吧!

对学校的行政领导而言,学生们在数学上的表现通常会成为他们学校办得成功与否的首要指标。当他们学校的学生表现得比平均数据好或者比邻近地区学校的学生好时,他们就会松一口气。另一方面,当他们学校的学生表现不佳时,他们立即就会感受到必须扭转局面的压力。多半情况下,这些学校都会把责任归咎于教师。学校通常会为数学老师们启动一个在职的"应急"培训。除非这个在职培训是为特定的教师量身定做的,否则不用期待它在提高学生表现方面会有什么作用。很多时候,一所学校或者一个学区会怪罪于课程设置(或者教科书),于是对其进行修改,以期带来即时的改变。这种做法可能很危险,因为对课程设置的突然改变会让教师们对这些新教材准备不当,从而导致更进一步的困难。当一个在职培训声称会对教师的表现产生"魔术般的效果"时,我们就应该产生怀疑了。要让教师们发挥更大的作用,需要在很长的一段时间内付出相当大的努力。由于各种各样的原因,这是一项异常困难的任务。首先,我们必须清楚地确定薄弱点在哪里,是课程内容中普遍存在

---

① 普通读者请参见《数学魔术师:给头脑的逗人珍馐》(*Math Charmers: Tantalizing Tidbits for the Mind*, Prometheus, 2003)。——原注

一个薄弱点吗？是缺乏教学技能吗？是教师们完全缺乏积极性吗？或者是这些因素的组合？无论问题是什么，一般而言，学校里的数学教师们并不会人人都有这样的问题。那么，这就意味着我们需要创设各种不同的在职培训，以应对教学中存在的所有薄弱点。考虑到针对个人进行在职培训所需的各种组织上和经济上的因素，这样的培训即使出现过，也是极少数情况。通过改变教师们的表现来让数学教学更为成功，显然并不是问题的全部答案。教师们需要一些理念，以通过恰当而又有趣的内容，来激发学生们的积极性。

国际比较研究总是将美国的学校排在相对较低的等级。于是，从政者们将提高学生数学表现作为奋斗目标。他们顶着"教育总统""教育州长"或"教育市长"的头衔，批准一笔笔新的资金用于克服教育的种种薄弱点。这些资金通常都以我们刚才讨论过的那些在职培训的形式被花费在启动职业发展上。出于上文所罗列的这些理由，它们的效果无论如何都是值得怀疑的。

那么，为了提高孩子们在学校里的数学表现，我们剩下能做的还有什么呢？社会作为一个整体，必须领悟到数学是一个美的（并且是有趣的）领域，而不仅仅是一门有用的学科，没有它则许多领域的深入研究都无法完成。我们必须从父母处着手，他们作为成年人，已经在心中形成了对数学的感觉。尽管在一个成年人已经对数学产生消极情绪后，再要去激发他/她对于这门学科的兴趣是一项艰难的任务，不过这正是本书的另一项用途——为某些父母开办呈现数学之美的"讲习班"，以改变他们对这一学科的态度。现在剩下的问题就是,如何最好地实现这个目标。

如果某人对数学并不特别感兴趣,或者对这门学科感到恐惧,那么就向他们展示一些极其容易理解的插图。我们要用一些无需过多解释的实例来向他/她展示,就是吸引力"跃然纸上"的那种实例。如果这些实例具有突出的视觉效果,那也会有所帮助。它们可以是本质上具有趣味性的,但也不一定非要如此。最重要的是,它们应该引起大吃一惊的回应,即让人感觉到关于数学的本质确实存在着某些特别的东西。这些特别之处能够以多种方式显现出来。它可以是一道简单的题目,用数学方法推导出一个出人意料地简单(或精彩)的解答。它可以是描述数的性质的一个示例,会引发令人目瞪口呆的回应。它可以是一种直觉上似乎难以置信的几何关系。概率也具有某些这样的有趣现象,会引发此类反应。无论是什么示例,都必须能快速而有效地得出结论。本书中展示了足够多的示例,因此你可以直接上阵了,通过改变家长们的态度,让他们在家里能以一种更为积极的姿态配合数学教学。

当家长们的姿态出现这样一种彻底的转变时,他们通常都会问:"为什么在我上学的时候,没有人向我展示这些精彩的东西呢?"我们无法回答这个问题,而且我们也无法再改变这一点。不过,我们能够让更多的成年人成为数学的友好使节,也让教师们拥有更多资源,从而能让他们将这些数学的激励因素带进课堂。将这样一些激励学习积极性的手段带进课堂,并不会影响教学时间;相反,它会让教学时间变得更加有效,因为学生的积极性会更高,从而更加易于接受新的知识点。因此,家长和教师一样,应该利用这些数学激励因素来改变社会上对数学的认知,在课堂内外都应如此。只有到那时,我们才不仅能为大家带来对数学之美的欣赏,更能带来在数学学习成绩上意义深长的转变。

目　录

目录

MULU

第1章　数之美

　　我们习惯于看到数出现在报纸体育版或商业版的图表和表格之中。我们在日常生活经历中不断地使用数,要么用它们来表示一个量,要么用它们来指定某件事物,比如说一条街道、一个地址或者一个页码。我们在使用数时,从不会花费时间去观察它们的某些不寻常的属性。犹如我们在一座花园中漫步的时候,没有停下来去闻花香。或许应该像俗话所说的那样:"花点时间去闻闻玫瑰花香吧。"考察其中的一些不寻常的数的属性,会让我们更深地欣赏我们常常不予重视的这些符号。我们常常将数学作为一门枯燥的必修课程教授给学生。作为教师,我们有义务使它变得有趣。展示数的一些奇异之处,会给这一学科带来某种新的"生命"。这会在学生当中引发惊人的回应。这就是我们应该为之奋斗的事情。让他们对这一学科感到好奇。激励他们去进一步"探寻"。

　　基本上,存在着两类数的属性:有些是十进制的"奇异事件",还有些则是在任何数制中都存在的。自然,后者能使我们对数学有更清晰的洞察,而前者仅仅指出了使用十进制所具有的独特性质。你也许会问,当现今我们发现计算机的基础依赖于二进制(即以2为基数)的时候,为什么我们要使用十进制(即以10为基数)。答案显然与历史有关,而且这无疑源自我们的手指数量。

　　从表面上看来,这两类特性的样子并无多大差异,只是适用的范围不同而已。既然本书的目的在于让一般水平的学生享有乐趣(当然,是以恰当的方式表现出来),我们使用的理由和解释就得足够简单,并且足够易于理解。出于同样原因,在某些情况下,我们给出的解释也许会引导读者去更深入地研究或者考察某种现象。如果我们能够引导学生询问为什么会出现所展示的这种特性,那么这一刻他们就"上钩"了!这就是本章的目标所在,让学生们对结论感到惊奇,并对它们提出问题。尽管这些解释可能会给他们留下一些问题,不过他们会很好地继续进行一些独立的探索。这就是他们真正开始欣赏与问题相关的数学的时候。正是在这些"私下的"探索期间,真正的学习产生了。请加以鼓励!

最重要的是,学生们必须注意到各种数的联系之美。言归正传,让我们前往数及数的联系的迷人王国。

1.1　令人惊讶的数的模式之一

有些时候,数学的魅力来自数系的那种令人惊讶的本质。展示这种魅力并不需要许多言语。从所得的模式中就显而易见了。观察、欣赏,并向你的学生们传播这些令人惊异的特性。让他们欣赏这些模式,并且在可能的情况下设法为之寻找一种"解释"。最重要的是,要让学生们能够对这些数的模式中的美产生一种鉴赏力。

$$1 \times 1 = 1$$
$$11 \times 11 = 121$$
$$111 \times 111 = 12\,321$$
$$1\,111 \times 1\,111 = 1\,234\,321$$
$$11\,111 \times 11\,111 = 123\,454\,321$$
$$111\,111 \times 111\,111 = 12\,345\,654\,321$$
$$1\,111\,111 \times 1\,111\,111 = 1\,234\,567\,654\,321$$
$$11\,111\,111 \times 11\,111\,111 = 123\,456\,787\,654\,321$$
$$111\,111\,111 \times 111\,111\,111 = 12\,345\,678\,987\,654\,321$$

$$1 \times 8 + 1 = 9$$
$$12 \times 8 + 2 = 98$$
$$123 \times 8 + 3 = 987$$
$$1\,234 \times 8 + 4 = 9\,876$$
$$12\,345 \times 8 + 5 = 98\,765$$
$$123\,456 \times 8 + 6 = 987\,654$$
$$1\,234\,567 \times 8 + 7 = 9\,876\,543$$
$$12\,345\,678 \times 8 + 8 = 98\,765\,432$$
$$123\,456\,789 \times 8 + 9 = 987\,654\,321$$

请注意(下方)76 923 的各种不同乘积,它们是以相同的顺序、不同的起始点呈现的。在这里,上一个乘积的第一位数移到该数尾部,就形成了下一个乘积。除此之外,这些数位的顺序是原封不动的。

$$76\,923 \times 1 = 076\,923$$
$$76\,923 \times 10 = 769\,230$$
$$76\,923 \times 9 = 692\,307$$

$$76\,923 \times 12 = 923\,076$$

$$76\,923 \times \ \ 3 = 230\,769$$

$$76\,923 \times \ \ 4 = 307\,692$$

请注意（下方）76 923与各种不同于上方的数的乘积，它们再一次以相同的顺序、不同的起始点呈现。同样，上一个乘积的第一位数移到该数尾部，就形成了下一个乘积。除此之外，这些数位的顺序并不改变。

$$76\,923 \times \ \ 2 = 153\,846$$

$$76\,923 \times \ \ 7 = 538\,461$$

$$76\,923 \times \ \ 5 = 384\,615$$

$$76\,923 \times 11 = 846\,153$$

$$76\,923 \times \ \ 6 = 461\,538$$

$$76\,923 \times \ \ 8 = 615\,384$$

另一个奇特的数是142 857。当它乘以从2到8的数时，所得的这些结果令人诧异。请考虑下列乘积，并描述其特性。

$$142\,857 \times 2 = 285\,714$$

$$142\,857 \times 3 = 428\,571$$

$$142\,857 \times 4 = 571\,428$$

$$142\,857 \times 5 = 714\,285$$

$$142\,857 \times 6 = 857\,142$$

你可以看出这些乘积的相似性，不过也请注意到，乘积中所出现的各位数字与142 857中的各位数字是相同的。此外，请考虑这些数位的顺序。除了起始点不同外，各数位都是以相同顺序出现的。

现在请看一下这个乘积：142 857 × 7 = 999 999。感到惊奇吗？

142 857 × 8 = 1 142 856，这个乘积就更加奇怪了。如果我们移除百万位上的1，并将它加到个位上，就得出了原来的数字。

明智的做法是让学生们自己去发现这些模式。对于他们应该如何开始，你可以给出一个起点或者一个暗示，然后就让他们自己去作出种种发现。这会给他们一种"拥有"这些发现的感觉。这些只是能产生奇怪乘积的数中的几个例子。

1.2 令人惊讶的数的模式之二

这里还有几个数学的迷人实例,它们也取决于其数系的那种令人惊讶的本质。同样,展示这种魅力并不需要许多言语,因为它一目了然。你只要观察、欣赏,并与你的学生们分享这些令人惊异的特性。让他们欣赏这些模式,并且在可能的情况下设法为之寻找一种"解释"。

$$12\,345\,679 \times\ \ 9 = 111\,111\,111$$
$$12\,345\,679 \times 18 = 222\,222\,222$$
$$12\,345\,679 \times 27 = 333\,333\,333$$
$$12\,345\,679 \times 36 = 444\,444\,444$$
$$12\,345\,679 \times 45 = 555\,555\,555$$
$$12\,345\,679 \times 54 = 666\,666\,666$$
$$12\,345\,679 \times 63 = 777\,777\,777$$
$$12\,345\,679 \times 72 = 888\,888\,888$$
$$12\,345\,679 \times 81 = 999\,999\,999$$

在下面这个模式图表中,请注意这些乘积的第一位数和最后一位数合在一起,正好得到乘数中的那个9的倍数。

$$987\,654\,321 \times\ \ 9 = 08\,888\,888\,889$$
$$987\,654\,321 \times 18 = 17\,777\,777\,778$$
$$987\,654\,321 \times 27 = 26\,666\,666\,667$$
$$987\,654\,321 \times 36 = 35\,555\,555\,556$$
$$987\,654\,321 \times 45 = 44\,444\,444\,445$$
$$987\,654\,321 \times 54 = 53\,333\,333\,334$$
$$987\,654\,321 \times 63 = 62\,222\,222\,223$$
$$987\,654\,321 \times 72 = 71\,111\,111\,112$$
$$987\,654\,321 \times 81 = 80\,000\,000\,001$$

学生们想要为这种令人惊讶的模式找到扩展,这是正常反应。他们也许会尝试为被乘数添加几位数,或者尝试将它乘以9的其他一些倍数。无论如何,都应该鼓励试验性的研究。

1.3 令人惊讶的数的模式之三

这里还有几个数学的迷人实例,它们也取决于其数系的那种令人惊讶的本质。同样,展示这种魅力并不需要许多言语,因为它一目了然。你只要观察、欣赏,并向你的学生们传播这些令人惊异的特性。让他们欣赏这些模式,并且在可能的情况下设法为之寻找一种"解释"。你可以问他们,为什么乘以9可能会得出这样一些不寻常的结果。一旦他们领会到,9比(十进制的)基数10小1,也许就会产生其他一些想法来建立起各种乘法模式。你或许可以提示他们考虑乘以11(比基数10大1)的情况,来找出一种模式。

$$0 \times 9 + 1 = 1$$
$$1 \times 9 + 2 = 11$$
$$12 \times 9 + 3 = 111$$
$$123 \times 9 + 4 = 1\ 111$$
$$1\ 234 \times 9 + 5 = 11\ 111$$
$$12\ 345 \times 9 + 6 = 111\ 111$$
$$123\ 456 \times 9 + 7 = 1\ 111\ 111$$
$$1\ 234\ 567 \times 9 + 8 = 11\ 111\ 111$$
$$12\ 345\ 678 \times 9 + 9 = 111\ 111\ 111$$

还有一种类似的过程能产生出另一种有趣的模式。这会不会给你的学生们带来更多的动力,去完成进一步的搜寻?

$$0 \times 9 + 8 = 8$$
$$9 \times 9 + 7 = 88$$
$$98 \times 9 + 6 = 888$$
$$987 \times 9 + 5 = 8\ 888$$
$$9\ 876 \times 9 + 4 = 88\ 888$$
$$98\ 765 \times 9 + 3 = 888\ 888$$
$$987\ 654 \times 9 + 2 = 8\ 888\ 888$$
$$9\ 876\ 543 \times 9 + 1 = 88\ 888\ 888$$
$$98\ 765\ 432 \times 9 + 0 = 888\ 888\ 888$$

现在要考察的逻辑因素就是下列这些奇怪的乘积模式。

$$1 \times 8 = 8$$
$$11 \times 88 = 968$$
$$111 \times 888 = 98\,568$$
$$1\,111 \times 8\,888 = 9\,874\,568$$
$$11\,111 \times 88\,888 = 987\,634\,568$$
$$111\,111 \times 888\,888 = 98\,765\,234\,568$$
$$1\,111\,111 \times 8\,888\,888 = 9\,876\,541\,234\,568$$
$$11\,111\,111 \times 88\,888\,888 = 987\,654\,301\,234\,568$$
$$111\,111\,111 \times 888\,888\,888 = 98\,765\,431\,901\,234\,568$$
$$1\,111\,111\,111 \times 8\,888\,888\,888 = 987\,654\,321\,791\,234\,568$$

你会怎样描述这一模式?让学生们用他们自己的话来描述它。

1.4　令人惊讶的数的模式之四

这里还有几个数学的迷人实例,它们也取决于其数系的那种令人惊讶的本质。同样,展示这种魅力并不需要许多言语,因为它一目了然。不过在这种模式中,你会注意到它对于数1001有很强的依赖性,而这个数是7、11和13的乘积。此外,当你的学生们用1001去乘以一个三位数时,所得的结果具有很好的对称性。例如,987 × 1001 = 987 987。在继续进行下去之前,让他们亲自尝试几个这样的例子。

现在让我们把这种关系反过来:任何一个由两个重复三位数序列构成的六位数都能被7、11和13整除。例如,

$$\frac{643\,643}{7} = 91\,949$$

$$\frac{643\,643}{11} = 58\,513$$

$$\frac{643\,643}{13} = 49\,511$$

我们还可以从1001这个有趣的数中得出另外一个结论。那就是,由6个重复数字构成的六位数总是能被3、7、11和13整除。这里有一个这样的例子。让你的学生们通过尝试其他一些例子来验证我们的推测。

$$\frac{111\,111}{3} = 37\,037$$

$$\frac{111\,111}{7} = 15\,873$$

$$\frac{111\,111}{11} = 10\,101$$

$$\frac{111\,111}{13} = 8547$$

利用1001的对称特性,我们还能找到哪些其他的联系?

1.5 令人惊讶的数的模式之五

这里还有几个数学的迷人实例,它们也取决于其数系的那种令人惊讶的本质。同样,展示这种魅力并不需要许多言语,因为它一目了然。这些例子取决于第1.4节中所描述的那种特性,以及数9的不寻常特性。

$$999\ 999 \times\ 1 = 0\ 999\ 999$$
$$999\ 999 \times\ 2 = 1\ 999\ 998$$
$$999\ 999 \times\ 3 = 2\ 999\ 997$$
$$999\ 999 \times\ 4 = 3\ 999\ 996$$
$$999\ 999 \times\ 5 = 4\ 999\ 995$$
$$999\ 999 \times\ 6 = 5\ 999\ 994$$
$$999\ 999 \times\ 7 = 6\ 999\ 993$$
$$999\ 999 \times\ 8 = 7\ 999\ 992$$
$$999\ 999 \times\ 9 = 8\ 999\ 991$$
$$999\ 999 \times 10 = 9\ 999\ 990$$

同样,由于数9比基数10小1,因此具有某些独一无二的特性,从而展示出某些美妙的特色。

$$9 \times 9 = 81$$
$$99 \times 99 = 9\ 801$$
$$999 \times 999 = 998\ 001$$
$$9\ 999 \times 9\ 999 = 99\ 980\ 001$$
$$99\ 999 \times 99\ 999 = 9\ 999\ 800\ 001$$
$$999\ 999 \times 999\ 999 = 999\ 998\ 000\ 001$$
$$9\ 999\ 999 \times 9\ 999\ 999 = 99\ 999\ 980\ 000\ 001$$

当你在摆弄数9时,可以让你的学生们找出一个八位数,要求其中各位数字不重复,并且在它乘以9后得到的那个九位数中的各位数字也不重复。这里有几种正确的选择:

$$81\ 274\ 365 \times 9 = 731\ 469\ 285$$
$$72\ 645\ 831 \times 9 = 653\ 812\ 479$$

$$58\ 132\ 764 \times 9 = 523\ 194\ 876$$
$$76\ 125\ 483 \times 9 = 685\ 129\ 347$$

1.6　令人惊讶的数的模式之六

这里有另外一种优美的模式,它能进一步激发你的学生们去自己搜寻数学中的其他一些模式。同样,展示这种魅力并不需要许多言语,因为它一目了然。

$$1=1 \qquad =1\times1=1^2$$
$$1+2+1=2+2 \qquad =2\times2=2^2$$
$$1+2+3+2+1=3+3+3 \qquad =3\times3=3^2$$
$$1+2+3+4+3+2+1=4+4+4+4 \qquad =4\times4=4^2$$
$$1+2+3+4+5+4+3+2+1=5+5+5+5+5 \qquad =5\times5=5^2$$
$$1+2+3+4+5+6+5+4+3+2+1=6+6+6+6+6+6 \qquad =6\times6=6^2$$
$$1+2+3+4+5+6+7+6+5+4+3+2+1=7+7+7+7+7+7+7 \qquad =7\times7=7^2$$
$$1+2+3+4+5+6+7+8+7+6+5+4+3+2+1=8+8+8+8+8+8+8+8 \qquad =8\times8=8^2$$
$$1+2+3+4+5+6+7+8+9+8+7+6+5+4+3+2+1=9+9+9+9+9+9+9+9+9=9\times9=9^2$$

1.7 惊人的幂次联系

我们的数系具有许多内在的不寻常特征。发现这些特征无疑会是一种受益匪浅的体验。大多数学生都需要被引导着去寻找这些联系。这正是教师起作用的地方。

你可以向他们讲述著名数学家高斯[①]的故事,他具有卓越的计算能力,从而能看出甚至连那些最聪明的头脑都深感困惑的各种联系和模式。他用这些不寻常的技巧来推测和证明许多非常重要的数学定理。给你的学生们一个机会去"发现"各种联系。对那些微不足道的发现也不要泼冷水,因为这些发现可能会在以后导向更为深奥的结论。

向他们展示以下联系,并请他们描述这里发生了什么。

$$81 = (8 + 1)^2 = 9^2$$

然后请他们看看是否存在着另一个数,这种联系对它也可能成立。不要耽搁太长时间,然后就向他们展示下面这个式子。

$$4913 = (4 + 9 + 1 + 3)^3 = 17^3$$

到这时,学生们应该意识到,这个数的各位数之和取某一幂次后,其结果就等于这个数。这相当令人诧异,当他们设法去找其他一些例子的时候,他们就会领悟到。

下面这张清单会为你提供这些不寻常数的许多实例。敬请欣赏吧!

数		(各位数之和)^n	数		(各位数之和)^n
81	=	9^2	2 401	=	7^4
			234 256	=	22^4
512	=	8^3	390 625	=	25^4
4 913	=	17^3	614 656	=	28^4
5 832	=	18^3	1 679 616	=	36^4
17 576	=	26^3			
19 683	=	27^3			

[①] 高斯(Carl Friedrich Gauss, 1777—1855),德国数学家、物理学家、天文学家、大地测量学家,近代数学奠基者之一,被认为是历史上最重要的数学家之一。——译注

数		(各位数之和)^n	数		(各位数之和)^n
17 210 368	=	28^5	10 460 353 203	=	27^7
52 521 875	=	35^5	27 512 614 111	=	31^7
60 466 176	=	36^5	52 523 350 144	=	34^7
205 962 976	=	46^5	271 818 611 107	=	43^7
			1 174 711 139 837	=	53^7
34 012 224	=	18^6	2 207 984 167 552	=	58^7
8 303 765 625	=	45^6	6 722 988 818 432		68^7
24 794 911 296	=	54^6			
68 719 476 736	=	64^6	20 047 612 231 936	=	46^8
			72 301 961 339 136	=	54^8
612 220 032	=	18^7	248 155 780 267 521	=	63^8

$$20\,864\,448\,472\,975\,628\,947\,226\,005\,981\,267\,194\,447\,042\,584\,001 = 207^{20}$$

1.8 美丽的数的联系

谁说数不能构成美丽的联系!以下这些独特的情况,只要向你的学生们展示其中的几种,也许就会给他们这样一种感觉:"数"可比眼睛看到的更有花头。不仅应该鼓励他们去验证这些联系,还要鼓励他们去找出其他一些能够被认为是"美丽的"联系。

请注意下列例子中的这些连续的指数。

$$135 = 1^1 + 3^2 + 5^3$$
$$175 = 1^1 + 7^2 + 5^3$$
$$518 = 5^1 + 1^2 + 8^3$$
$$598 = 5^1 + 9^2 + 8^3$$

现在再进一步,我们就得到以下这些。

$$1306 = 1^1 + 3^2 + 0^3 + 6^4$$
$$1676 = 1^1 + 6^2 + 7^3 + 6^4$$
$$2427 = 2^1 + 4^2 + 2^3 + 7^4$$

接下去的这些式子真是令人称奇。请注意其中这些指数和数之间的联系[①]。

$$3435 = 3^3 + 4^4 + 3^3 + 5^5$$
$$438\ 579\ 088 = 4^4 + 3^3 + 8^8 + 5^5 + 7^7 + 9^9 + 0^0 + 8^8 + 8^8$$

现在就应由班里的学生来验证这些联系,并发现其他一些美丽的联系了。

---

① 在第二个例子中,你会注意到,为了方便起见,也为了这一不寻常的情况,我们将 0^0 的值当作 0 来考虑,而事实上它的值是不确定的。——原注

1.9 不寻常的数的联系

在某些(用十进制表示的)数之间存在着若干不寻常的联系。对于它们并不需要太多解释。只要欣赏它们,并看看你的学生们是否能发现其他联系。

下面我们展示一对对的数,它们的乘积与和的各位数字正好反转。每次给学生们展示一个,这样他们就能真正欣赏它们了。

两个数		它们的乘积	它们的和
9	9	81	18
3	24	72	27
2	47	94	49
2	497	994	499

问问学生们是否能够再发现另一对数,它们也能展示出这种不寻常的特性。(他们可能会对此感到困难。)

这里有另一种奇怪的联系[①]:

$$1 = 1!$$
$$2 = 2!$$
$$145 = 1! + 4! + 5!$$
$$40\,585 = 4! + 0! + 5! + 8! + 5!$$

(请记住 $0! = 1$。)

这里似乎举尽了所有这类联系,所以不必费心去让学生们再去寻找其他例子了。

---

① 这里的感叹号称为阶乘,表示从1到阶乘符号前面那个数字的连续整数乘积,也即 $n! = 1 \times 2 \times 3 \times 4 \times \cdots \times (n-2) \times (n-1) \times n$。——原注

1.10 奇怪的等式

有些时候,数比任何解释都更具有说服力。这里有一个这样的例子。只要让你的学生们观察这些等式,看看他们能否发现同一类型的其他等式。

$$1^1 + 6^1 + 8^1 = 15 = 2^1 + 4^1 + 9^1$$
$$1^2 + 6^2 + 8^2 = 101 = 2^2 + 4^2 + 9^2$$

$$1^1 + 5^1 + 8^1 + 12^1 = 26 = 2^1 + 3^1 + 10^1 + 11^1$$
$$1^2 + 5^2 + 8^2 + 12^2 = 234 = 2^2 + 3^2 + 10^2 + 11^2$$
$$1^3 + 5^3 + 8^3 + 12^3 = 2366 = 2^3 + 3^3 + 10^3 + 11^3$$

$$1^1 + 5^1 + 8^1 + 12^1 + 18^1 + 19^1 = 63 = 2^1 + 3^1 + 9^1 + 13^1 + 16^1 + 20^1$$
$$1^2 + 5^2 + 8^2 + 12^2 + 18^2 + 19^2 = 919 = 2^2 + 3^2 + 9^2 + 13^2 + 16^2 + 20^2$$
$$1^3 + 5^3 + 8^3 + 12^3 + 18^3 + 19^3 = 15\,057 = 2^3 + 3^3 + 9^3 + 13^3 + 16^3 + 20^3$$
$$1^4 + 5^4 + 8^4 + 12^4 + 18^4 + 19^4 = 260\,755 = 2^4 + 3^4 + 9^4 + 13^4 + 16^4 + 20^4$$

我们能讲的也就这么多了。你的学生们很可能会说"哇!"如果取得了这种效果,那么你就已经达到了你的目标。

1.11 令人惊异的数1089

这一节是关于一个数,它具有某些真正无与伦比的特性。我们先来展示一下,它如何在最意想不到的时刻恰好"突然冒出"。首先让你的学生们全都独立地选择一个三位数(要求其中的个位数和百位数是不同的),然后遵照以下指示进行:

1. 任意选择一个三位数(要求其中的个位数和百位数之差大于1)。

> 我们会在这里同你一起做,比如任意选出了825。

2. 将你选择的这个数的各位数字反转。

> 我们继续做下去,将825的数字反转,得到528。

3. 将这两个数相减(当然是用大的数减去小的数)。

> 我们计算出的差是825 − 528 = 297。

4. 再一次,将这个差的数字反转。

> 将297的数字反转,得到792。

5. 现在,将你的最后两个数相加。

> 我们将最后两个数相加,得到297 + 792 = 1089。

即使他们各自的起始数与我们的不同,所得到的结果也应该与我们的相同[①]。

他们很可能会大吃一惊:不管他们一开始选择的是哪些数,他们都得到跟我们一样的结果:1089。

怎么会发生这种情况?这是此数的一种"怪异特性"吗?我们在计算过程中做了什么欺诈之事吗?

不同于其他依赖于十进制特性的数字奇观,这一个数学怪现象是依赖于运算过程的。在我们(为那些比较有积极性的学生)探究为什么会发生这种情况之前,我们希望你能用1089这个可爱的数的另一个特性来给你的学生们留下深刻印象。

让我们来观察1089最初的9个倍数:

$$1089 \times 1 = 1089$$

---

① 如果不相同的话,那么你就犯了一个计算错误。请检查。——原注

$$1089 \times 2 = 2178$$
$$1089 \times 3 = 3267$$
$$1089 \times 4 = 4356$$
$$1089 \times 5 = 5445$$
$$1089 \times 6 = 6534$$
$$1089 \times 7 = 7623$$
$$1089 \times 8 = 8712$$
$$1089 \times 9 = 9801$$

你注意到在这些乘积中存在着一种模式吗?请观察第一个和第九个乘积。它们的各位数字是彼此反转的。第二个和第八个乘积也是如此。而这种模式继续下去,直到第五个乘积,它的各位数字反转后就是其本身,这种数被称为回文数①。

请特别注意,$1089 \times 9 = 9801$,这就是原来那个数1089的反转数。$10\,989 \times 9 = 98\,901$,同样的属性又出现了,对于$109\,989 \times 9 = 989\,901$也是一样。学生们很快就会给出这种情况的扩展例子。到这时,学生们应该意识到,我们通过在原来的数1089中间插入一个9而改变了这个数,并且通过在原来的数1089中间插入99又进行了扩展。如果能够由此推断出下列每一个数都具有同样的这种属性,那就好了:$1\,099\,989$、$10\,999\,989$、$109\,999\,989$、$1\,099\,999\,989$、$10\,999\,999\,989$,如此等等。

事实上,另外只有一个不多于四位的数,它的一个倍数等于其反转数,而这个数就是2178(它恰好就等于2×1089),因为$2178 \times 4 = 8712$。如果我们能够像前面那个例子中所做的那样,通过在该数中间插入几个9来产生其他具有同样属性的数,以此对这种情况进行扩展,那岂不是很好?应该鼓励你的学生们独立尝试这个过程,并设法得出某种结论。是的,情况确实如此。

$$21\,978 \times 4 = 87\,912$$
$$219\,978 \times 4 = 879\,912$$
$$2\,199\,978 \times 4 = 8\,799\,912$$

---

① 在第1.16节中,我们会有更多关于回文数的内容。——原注

$$21\,999\,978 \times 4 = 87\,999\,912$$
$$219\,999\,978 \times 4 = 879\,999\,912$$
$$2\,199\,999\,978 \times 4 = 8\,799\,999\,912$$
$$\vdots$$

仿佛是嫌1089这个数所具有的可爱特性还不够多似的,这里还有另外一个(在某种程度上)从1089扩展得到的特性:我们将考虑1和89,并请注意观察,当你取任意一个数,并计算出它各位数字的平方和,然后再以同样方式继续下去时,会发生些什么。每一次,你最终都会得到1或者89。看一看下面的一些例子吧。

$n = 30$:

$$3^2 + 0^2 = 9 \rightarrow 9^2 = 81 \rightarrow 8^2 + 1^2 = 65 \rightarrow 6^2 + 5^2 = 61 \rightarrow$$
$$6^2 + 1^2 = 37 \rightarrow 3^2 + 7^2 = 58 \rightarrow 5^2 + 8^2 = \mathbf{89} \rightarrow$$
$$8^2 + 9^2 = 145 \rightarrow 1^2 + 4^2 + 5^2 = 42 \rightarrow 4^2 + 2^2 = 20 \rightarrow$$
$$2^2 + 0^2 = 4 \rightarrow 4^2 = 16 \rightarrow 1^2 + 6^2 = 37 \rightarrow 3^2 + 7^2 = 58 \rightarrow$$
$$5^2 + 8^2 = \mathbf{89} \rightarrow \ldots$$

请注意,当我们第二次得到89时,我们显然是处在一个循环过程中,因此我们会不断地回到89。对于下列每一种情况,我们都会进入一个不断重复的循环过程。

$n = 31$: $3^2 + 1^2 = 10 \rightarrow 1^2 + 0^2 = \mathbf{1} \rightarrow 1^2 = \mathbf{1}$

$n = 32$: $3^2 + 2^2 = 13 \rightarrow 1^2 + 3^2 = 10 \rightarrow 1^2 + 0^2 = \mathbf{1} \rightarrow 1^2 = \mathbf{1}$

$n = 33$: $3^2 + 3^2 = 18 \rightarrow 1^2 + 8^2 = 65 \rightarrow 6^2 + 5^2 = 61 \rightarrow$
$$6^2 + 1^2 = 37 \rightarrow 3^2 + 7^2 = 58 \rightarrow 5^2 + 8^2 = \mathbf{89} \rightarrow$$
$$8^2 + 9^2 = 145 \rightarrow 1^2 + 4^2 + 5^2 = 42 \rightarrow 4^2 + 2^2 = 20 \rightarrow$$
$$2^2 + 0^2 = 4 \rightarrow 4^2 = 16 \rightarrow 1^2 + 6^2 = 37 \rightarrow$$
$$3^2 + 7^2 = 58 \rightarrow 5^2 + 8^2 = \mathbf{89} \rightarrow \ldots$$

$n = 80$: $8^2 + 0^2 = 64 \rightarrow 6^2 + 4^2 = 52 \rightarrow 5^2 + 2^2 = 29 \rightarrow$
$$2^2 + 9^2 = 85 \rightarrow 8^2 + 5^2 = \mathbf{89} \rightarrow 8^2 + 9^2 = 145 \rightarrow$$
$$1^2 + 4^2 + 5^2 = 42 \rightarrow 4^2 + 2^2 = 20 \rightarrow 2^2 + 0^2 = 4 \rightarrow$$
$$4^2 = 16 \rightarrow 1^2 + 6^2 = 37 \rightarrow 3^2 + 7^2 = 58 \rightarrow$$
$$5^2 + 8^2 = \mathbf{89} \rightarrow \ldots$$

$$n = 81: 8^2 + 1^2 = 65 \rightarrow 6^2 + 5^2 = 61 \rightarrow 6^2 + 1^2 = 37 \rightarrow$$
$$3^2 + 7^2 = 58 \rightarrow 5^2 + 8^2 = \mathbf{89} \rightarrow 8^2 + 9^2 = 145 \rightarrow$$
$$1^2 + 4^2 + 5^2 = 42 \rightarrow 4^2 + 2^2 = 20 \rightarrow 2^2 + 0^2 = 4 \rightarrow$$
$$4^2 = 16 \rightarrow 1^2 + 6^2 = 37 \rightarrow 3^2 + 7^2 = 58 \rightarrow$$
$$5^2 + 8^2 = \mathbf{89} \rightarrow \ldots$$
$$n = 82: 8^2 + 2^2 = 68 \rightarrow 6^2 + 8^2 = 100 \rightarrow 1^2 + 0^2 + 0^2 = \mathbf{1} \rightarrow$$
$$1^2 = \mathbf{1}$$
$$n = 85: 8^2 + 5^2 = \mathbf{89} \rightarrow 8^2 + 9^2 = 145 \rightarrow 1^2 + 4^2 + 5^2 = 42 \rightarrow$$
$$4^2 + 2^2 = 20 \rightarrow 2^2 + 0^2 = 4 \rightarrow 4^2 = 16 \rightarrow$$
$$1^2 + 6^2 = 37 \rightarrow 3^2 + 7^2 = 58 \rightarrow 5^2 + 8^2 = \mathbf{89} \rightarrow \ldots$$

现在让我们回到1089这个数原先的那种奇特性质上来。假设我们所选择的任意数都会将我们引向1089。问问学生们,他们如何能够确定这一点。好吧,他们可以尝试所有可能的三位数,来看看这是否成立。这个过程会冗长乏味,而且也太不简洁。对这种奇特性质作一番探究,是一个学习初等数学的好学生力所能及的。因此对于对这一现象可能会感到好奇的那些比较有雄心壮志的学生,我们会提供一种代数解释,说明它为什么能"成立"。

我们将这个任意选择的三位数 htu 表示为 $100h+10t+u$,其中 h 表示百位上的数,t 表示十位上的数,u 表示个位上的数。

不妨设 $h > u$,在你所选择的数及它的反转数中,总有一个能满足这一点。在做减法时,$u-h < 0$;因此,从(被减数的)十位上借1,让个位数变成 $10+u$。

因为要相减的这两个数的十位数是相等的,并且从被减数的十位上借走了1,那么在这一位上的数就是 $10(t-1)$。被减数百位上的数字是 $h-1$,这是因为要使十位上的减法能够进行而从百位上又借走了1,从而十位上的数字之值为 $10(t-1)+100=10(t+9)$。

现在我们可以做第一次减法了:

$100(h-1)$	$+10(t+9)+(u+10)$	
$-)\ 100u$	$+10t$	$+h$
$100(h-u-1)$	$+10 \times 9$	$+u-h+10$

将这个差的各位数反转,就得出

$$100(u - h + 10) + 10 \times 9 + (h - u - 1)$$

现在将最后这两个表达式相加,就得到

$$100 \times 9 + 10 \times 18 + (10 - 1) = 1089$$

不管具体的数是什么,代数学都能让我们检查算术过程,强调这一点很重要。

在我们离开1089这个数之前,我们还应该对学生们指出它的另一个奇特性质,即

$$33^2 = 1089 = 65^2 - 56^2$$

这在两位数中是独一无二的。

讲到这里,你的学生们必定会同意,1089这个数有一种特有的美。

1.12　压抑不住的数 1

这并不是一个戏法。不过,数学确实会提供一些看起来好像有魔力的奇特现象。这个奇特现象已经困惑了数学家们许多年,而且仍然没有人知道为什么它会是这样的。试试看,你会喜欢它的——或者至少你的学生们会喜欢!

首先,要求你的学生们在他们用随意选择的任何一个数来操作时,都要遵守以下两条规则。

> 如果该数为奇数,那么就乘以 3 再加上 1。
> 如果该数是偶数,那么就除以 2。

无论他们选择的数是几,在不断重复这个过程后,**他们最后总是得到1**。

让我们用随意选择的数**12**来试一试。

12是偶数,所以我们将它除以2得到6。

6也是偶数,所以我们将它再除以2得到3。

3是奇数,所以我们将它乘以3再加上1,得到3×3+1=10。

10是偶数,所以我们将它除以2得到5。

5是奇数,所以我们将它乘以3再加上1,得到16。

16是偶数,所以我们将它除以2得到8。

8是偶数,所以我们将它除以2得到4。

4是偶数,所以我们将它除以2得到2。

2是偶数,所以我们将它除以2得到1。

人们相信,无论我们从哪个数开始(这里我们是从12开始的),我们最终都会到达1。这真是非同寻常!用另一些数来试一试这个过程,让自己相信确实如此。如果我们刚才是用17作为任意选择的数来开始这一过程,那么我们会需要12步来得到1。如果从43开始,会需要29步。你应该让你的学生们用他们所选择的任意数来试试这个小花招,看看他们能否得到数1。

这真的对于一切数都成立吗?这是一个自从1930年代以来,数学家们就一直关切着的问题,而且时至今日仍然没有找到任何解答,尽管有人

让数学之美带给你灵感与启发

数学奇观

为证明这个猜想提供了种种金钱奖励。这个问题在文献中被称为"$3n+1$"问题，最近已经（利用计算机）证明，对于一直到$10^{18}-1$的所有的数，它都成立。

如果你已经被这种奇异的数字特性激起了兴趣，那么我们为你提供如图1-1的示意图，它给出了从1—20这20个数开始的操作序列。

请注意，你总是会止步于最后那个4-2-1循环。也就是说，当你得到4时，你总是会得到1，然后如果你试图在得到1后继续下去，那么你总会再次得到1。因为通过应用规则，有 $\boxed{3\times1+1=4}$，于是你继续着这个循环：4-2-1。

如果你想检验这种奇特现象，我们不会给你泼冷水。不过我们想要提醒你的是，如果你无法证明它在所有情况下都成立，请不要灰心丧气，因为那些最优秀的数学头脑花了大半个世纪的时间都还没能完成此事！向你的学生们解释，并不是数学中我们所知道或者认为正确的一切都得到了证明。还有许多"事实"，我们必须在不加证明的前提下接受它们。不过我们这样做是因为我们知道，也许有一天，它们要么会被证明对于所有情况都成立，要么会有人发现一个反例使某一命题不成立，即使是在我们都已经"接受了它"之后。

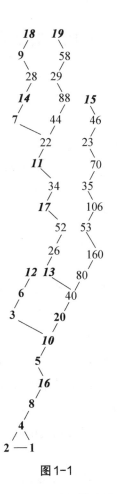

图1-1

1.13 完满数

在数学中,是否存在着某件事物比其他一些事物更加完满?大部分数学教师不断告诉学生们,数学是完满的。好吧,现在我们来介绍完满的数——因为这是由数学界定义的。根据传统数论,存在着一个被称为"完满数"的群体。它被定义为所有真因子(即除了这个数本身以外的所有因子)之和恰好等于本身的数。最小的完满数是6,因为6=1+2+3,也就是它的所有真因子之和[①]。

下一个较大的完满数是28,因为同样地,28=1+2+4+7+14。再下一个是496=1+2+4+8+16+31+62+124+248,也就是496的所有真因子之和。

古希腊人就已经知道前四个完满数了。它们是6、28、496和8128。

提出一条定理来概括如何找到一个完满数的数学家是欧几里得[②]。他指出,如果 2^k-1 是一个素数,那么 $2^{k-1}(2^k-1)$ 就是一个完满数。也就是说,每当我们找到一个 k 的值,使 2^k-1 的计算结果是一个素数,那么我们就可以构造出一个完满数。

我们不必用到所有的 k 值,因为如果 k 是一个合数,那么 2^k-1 也会是一个合数[③]。

利用欧几里得的这种产生完满数的方法,我们得到以下列表:

---

① 它也是唯一满足以下情况的数:它等于同样三个数1,2,3相加所得的和及相乘所得的积:$6=1×2×3=3!$。而且 $6=\sqrt{1^3+2^3+3^3}$。注意到 $\frac{1}{1}=\frac{1}{2}+\frac{1}{3}+\frac{1}{6}$,这也很有趣。顺便说一下,在讨论数6的时候,认识到6和它的平方36都是三角形数(参见第1.17节),这也是不错的。——原注

② 欧几里得(Euclid,约前325—前265年),古希腊数学家,被称为"几何学之父"。他所著的《几何原本》(Elements)是世界上最早公理化的数学著作,为欧洲数学奠定了基础。——译注

③ 如果 $k=pq$,那么 $2^k-1=2^{pq}-1=(2^p-1)(2^{p(q-1)}+2^{p(q-2)}+\cdots+1)$。因此,只有当 k 为素数时,2^k-1 才可能是素数,但是这并不保证当 k 为素数时,2^k-1 就是素数,从下列这些 k 的值可以看出这一点:

k	2	3	5	7	11	13
2^k-1	3	7	31	127	2047	8191

其中 $2047=23×89$ 并不是一个素数,因此就不合格。——原注

k的值	当2^k-1是一个素数时，$2^{k-1}(2^k-1)$的值
2	6
3	28
5	496
7	8 128
13	33 550 336
17	8 589 869 056
19	137 438 691 328

通过观察，我们注意到完满数的一些特性。它们似乎都以6或者28结尾，而在这之前则是一个奇数。它们似乎还都是三角形数（参见第1.17节），也就是连续自然数之和（例如，496=1+2+3+4+…+28+29+30+31）。

再进一步，可知在6之后的每个完满数都是下面这个序列的部分和：$1^3+3^3+5^3+7^3+9^3+11^3+…$。例如，$28=1^3+3^3$，而$496=1^3+3^3+5^3+7^3$。你可以让你的学生们设法找到接下去几个完满数的部分和。

我们不知道是否存在奇完满数，不过至今还没有发现过。现今我们有了计算机，这让我们在构造更多完满数时有了好得多的设备。你的学生们可以尝试用欧几里得的方法来找出一些更大的完满数。

1.14　友好的数

有什么可以让两个数建立友情?你的学生们的第一反应可能是那些让他们产生好感的数。请提醒他们,我们在这里谈论的是彼此"友好的"数。好吧,数学家们认定,如果第一个数的真因子之和等于第二个数,并且第二个数的真因子之和也等于第一个数,那么就称这两个数是友好的(或者像在比较高深的文献中常用的那样称为"亲和的")。

这听起来很复杂?让你的学生们来观察下面这对最小的亲和数:220和284。

220的真因子是1、2、4、5、10、11、20、22、44、55和110。它们的和是1+2+4+5+10+11+20+22+44+55+110=284。

284的真因子是1、2、4、71和142,而它们的和是1+2+4+71+142=220。

这表明这两个数是亲和数。

第二对被(费马[①])发现的亲和数是17 296和18 416:

$17\ 296 = 2^4 \times 23 \times 47, 18\ 416 = 2^4 \times 1151$

17 296的真因子之和为

$$1 + 2 + 4 + 8 + 16 + 23 + 46 + 47 + 92 + 94 + 184 + 188 + 368$$
$$+ 376 + 752 + 1081 + 2162 + 4324 + 8648 = 18\ 416$$

18 416的真因子之和为

$$1 + 2 + 4 + 8 + 16 + 1151 + 2302 + 4604 + 9208 = 17\ 296$$

这里还有几对亲和数:

1184和1210

2620和2924

5020和5564

6232和6368

10 744和10 856

9 363 584和9 437 056

---

① 费马(Pierre de Fermat,1601—1665),法国律师和业余数学家。他对数论和现代微积分的建立都作出了贡献。——译注

111 448 537 712 和 118 853 793 424

你的学生们也许会想要去验证以上几对数字的"亲和性"!

对于专家来说,以下是找到亲和数的一种方法。

设

$a = 3 \times 2^n - 1$

$b = 3 \times 2^{n-1} - 1$

$c = 3^2 \times 2^{2n-1} - 1$

其中 n 是一个大于或等于 2 的整数,且 a、b 和 c 都是素数。那么 $2^n ab$ 和 $2^n c$ 就是亲和数。

（请注意对于 $n \leqslant 200$，$n=2$、4 和 7 的值给出的 a、b 和 c 都是素数。）

1.15 另一种友好的数对

我们总是可以在两个数之间寻找一些美好的关系。其中有一些真的是令人难以想象！比如以 6205 和 3869 这对数为例。

引导你的学生们进行以下计算，来验证这些奇异的结果。

$$6205 = 38^2 + 69^2, 3869 = 62^2 + 05^2$$

请注意其中的模式，然后接下去是这些数：

$$5965 = 77^2 + 06^2, 7706 = 59^2 + 65^2$$

除了看到这种奇妙模式时的欢欣之外，没有太多可说的了。不过，将此呈现给学生们的方式可以使一切大不相同！

1.16　回文数

　　有的时候,向你班里的学生们展示一些像文字游戏那样好玩的数学,也是很好的。不要认为这是在浪费时间,可以把它看成是花时间引导年轻人更加喜欢数学。回文是从正反两个方向读起来都一样的一个单词、一个短语或者一句句子。这里有几条好玩的英文回文:

RADAR

REVIVER

ROTATOR

LEPERS REPEL

MADAM I'M ADAM

STEP NOT ON PETS

NO LEMONS, NO MELON

DENNIS AND EDNA SINNED

ABLE WAS I ERE I SAW ELBA

A MAN, A PLAN, A CANAL, PANAMA

SUMS ARE NOT SET AS A TEST ON ERASMUS[①]

　　回文数是从正反两个方向读起来都一样的那些数。这让我们想到,日期可能是一些看上去对称的数的来源。例如,2002这个年份就是一个回

---

① 这些单词、短语和句子的意思分别是:
雷达
复兴者
旋转体
麻风病人互相排斥
女士,我是亚当
不要踩踏宠物
没有柠檬,没有甜瓜
丹尼斯和埃德娜犯过罪
在见到厄尔巴岛之前,我本无所不能
一个人,一项计划,造就一条运河——巴拿马运河
求和不是为伊拉斯谟设置的测试　　　　　——译注

文数,1991年也是如此①。2001年的10月份,有好几个日期按照美式写法看起来都是回文数:10/1/01、10/22/01,等等。而2月份,欧洲人在2002年2月20日下午8：02达到了终极回文时刻,因为他们会把它写成20.02,20-02-2002。让学生们想出一些其他的回文日期,这多少会打开他们的思路。你可以让他们列出一些彼此最接近的回文日期。

深入下去一点,可知11的前4个幂次都是回文数:

$$11^1 = 11$$
$$11^2 = 121$$
$$11^3 = 1\ 331$$
$$11^4 = 14\ 641$$

回文数可以是一个素数,也可以是一个合数。例如,151就是一个回文素数,而171则是一个回文合数。不过,除了11这个例外,回文素数必定具有奇数个数位。让你的学生们设法找出几个回文素数。

向你的学生们展示,从一个任意给定数出发怎么能产生一个回文数,这会很有趣。他们需要做的,只是不断地将一个数与其反转数(即将这个数的各位数字按照相反顺序写出来得到的数)相加,直到得到一个回文数为止。

例如,以23为起始数,只用1次相加就可以得到一个回文数:

$$23 + 32 = 55,\text{一个回文数}$$

也可能需要2步,比如以75为起始数:

$$75 + 57 = 132, 132 + 231 = 363,\text{一个回文数}$$

还可能需要3步,比如以86为起始数:

$$86 + 68 = 154, 154 + 451 = 605, 605 + 506 = 1111,\text{一个回文数}$$

以97为起始数需要6步才能得到一个回文数,而以98为起始数则需要24步。注意不要以196为起始数,想用这个数来得到一个回文数,会远远超出你的能力范围。

在处理回文数时,会遇到许多漂亮的模式。例如,能产生回文立方数

———————————

① 我们之中那些经历过1991年至2002年这段时间的人,将会是接下去的1000多年中经历过两个回文数年的最后一代(以目前的寿命水平来计算)。——原注

的那些数，它们本身也是回文数。

我们应该鼓励学生们去找出回文数的更多特性①——跟它们打交道很有意思。

① 要找到关于回文数的更多信息，你可以参考阿尔弗雷德·S.波萨门蒂（Alfred S. Posamentier）和J.斯特佩尔曼（J. Stepelman）合著的《教授中学数学：技巧和强化单元》(*Teaching Secondary School Mathematics: Techniques and Enrichment Units*)第六版，第257—258页。——原注

1.17 形数的乐趣

数怎么会具有几何形状呢?好吧,尽管数本身没有几何形状,但是有些数可以用一些点排列成一种规则的几何形状来表示。现在让我们来看看其中的几个。

学生们需要留意,图1-2中的这些点是怎样放置来构成一个正多边形的。

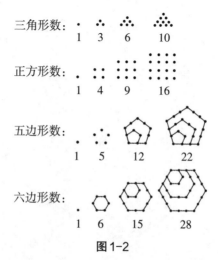

三角形数: 1 3 6 10

正方形数: 1 4 9 16

五边形数: 1 5 12 22

六边形数: 1 6 15 28

图1-2

从图1-3的这些形数的排列中,你应该能够发现它们的一些特性。设法将这些数彼此联系起来,应该会很有趣。例如,第 n 个正方形数等于第 n

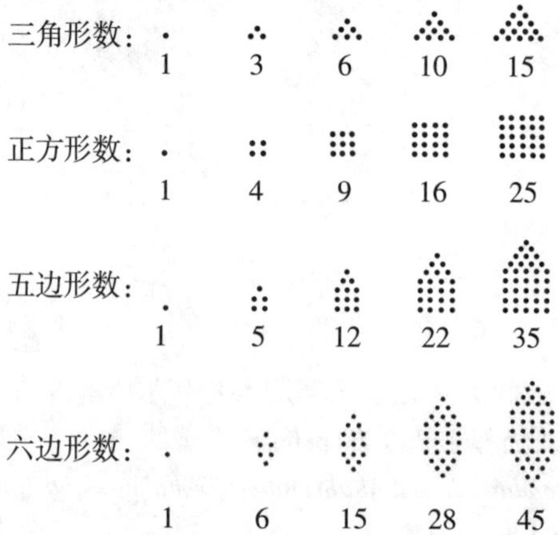

三角形数: 1 3 6 10 15

正方形数: 1 4 9 16 25

五边形数: 1 5 12 22 35

六边形数: 1 6 15 28 45

图1-3

个和第(n-1)个三角形数之和。又如,第n个五边形数等于第n个正方形数和第(n-1)个三角形数之和。还有许多其他这样的关系等着你去寻找(或者发现)。

我们可以向学生们介绍矩形数,这些数看起来具有$n(n+1)$的形式,也可以排列成矩形点阵,例如:

$$1 \times 2 = 2$$
$$2 \times 3 = 6$$
$$3 \times 4 = 12$$
$$4 \times 5 = 20$$
$$5 \times 6 = 30$$
$$\vdots$$

这里有几种关于矩形数的关系。尽管这几个例子都是成立的,不过你的学生们仍然应该去找一些其他例子来表明这些关系确实成立。比较优秀的学生可去尝试证明它们成立。

一个矩形数等于几个连续偶整数之和:

$$2 + 4 + 6 + 8 = 20$$

一个矩形数等于一个三角形数的两倍:

$$15 \times 2 = 30$$

两个相继的正方形数之和,再加上它们之间的那个矩形数的平方,所得的结果是一个正方形数:

$$9 + 16 + 12^2 = 169 = 13^2$$

两个相继的矩形数之和,再加上它们之间的那个正方形数的2倍,所得的结果是一个正方形数:

$$12 + 20 + 2 \times 16 = 64 = 8^2$$

一个矩形数和接在它后面的一个正方形数之和是一个三角形数:

$$20 + 25 = 45$$

一个正方形数和接在它后面的一个矩形数之和是一个三角形数:

$$25 + 30 = 55$$

一个数与该数的平方之和是一个矩形数:

$$9 + 81 = 90$$

现在应该让你的学生们去发现这里介绍的各种各样形数之间的其他关系了。

1.18　美妙的斐波那契数

在数学中,比斐波那契数能渗透到更多数学分支中的主题寥寥无几。这些数出现在西方历史上最重要的书籍之一《计算之书》(Liber abaci)中。这本书是1202年由比萨的列奥纳多(Leonardo of Pisa)所著的,而他更加广为人知的名字是斐波那契(Fibonacci,1180—1250)[①],或者译为波那契(Bonacci)之子。这是第一本使用印度-阿拉伯数字的欧洲出版物,而我们所使用的十进制就是基于这种数字。就凭这一点,它就有资格被称为一本具有里程碑意义的书籍。不过,这本书里还有一道关于兔子繁殖的"无伤大雅"的题目。正是这道题目的解答产生出了斐波那契数。

在进一步讨论下去之前,你可以让你的学生们绘制一张表格来独立解答这道题目。这道题是这样说的:

开始时只有一对兔子,如果每对兔子每个月都生育一对新兔子,而每对新兔子从第二个月开始有生育能力,那么一年后会生育出多少对兔子?

正是源于这道题目,著名的斐波那契数列出现了。如果我们假设一对小兔子(baby,用 B 表示)在一个月后发育成熟而变成能繁育后代的成年兔(adult,用 A 表示),那么我们就可以绘制出以下表格:

① 我们可能会认为早期的科学家多数是神职人员,但斐波那契并不是。准确地说,他是一名商人,他在整个伊斯兰世界中走南闯北,并借此阅读了他能看到的所有阿拉伯数学著作。他在《计算之书》(1202年成书,1228年修订)一书中最早将印度-阿拉伯数字引入基督教世界,此书先是以手抄本形式广为流传,后于1857年以《比萨的列奥纳多手稿》(Scritti di Leonardo Pisano)为题第一次出版。这本书是一部商业数学的合集,其中包括线性方程和二次方程、平方根和立方根,以及其他一些以欧洲人的观点提出来的新课题。他以这样一段评论作为书的开头:"这些是印度人的九个数字:9、8、7、6、5、4、3、2、1。利用这九个数字,再加上阿拉伯语中称为'zephirum'的符号0,就可以写出任何数字,下文将会展示这一点。"从这里开始,他第一次将十进位值制引入欧洲。(请注意,"zephirum"这个词是从阿拉伯语单词"as-sifr"演化而来的,而"as-sifr"则来自公元5世纪就在印度使用的梵文单词"sunya",它的意思是指"空的"。)——原注

月份	兔子对	成年兔对数(A)	小兔子对数(B)	总对数
1月1日		1	0	1
2月1日		1	1	2
3月1日		2	1	3
4月1日		3	2	5
5月1日		5	3	8
6月1日		8	5	13
7月1日		13	8	21
8月1日		21	13	34
9月1日		34	21	55
10月1日		55	34	89
11月1日		89	55	144
12月1日		144	89	233
次年1月1日		233	144	377

每个月活着的成年兔对数形成了斐波那契数列(第1列):$1, 1, 2, 3,$ $5, 8, 13, 21, 34, 55, 89, 144, 233, \cdots$。

如果我们设 f_n 是斐波那契数列的第 n 项,那么

$f_1 = 1$

$f_2 = 1$

$f_3 = f_2 + f_1 = 1 + 1 = 2$

$f_4 = f_3 + f_2 = 2 + 1 = 3$

$f_5 = f_4 + f_3 = 3 + 2 = 5$

$\vdots \qquad\qquad \vdots$

$f_n = f_{n-1} + f_{n-2}$ 其中 n 为 ≥ 3 的整数

也就是说,最前面两项之后的每一项都等于其前面两项之和。

在这一刻,你的学生们也许会(自然而然地)问道:是什么使得这个数列如此引人入胜?首先信不信由你,它和黄金分割之间存在着一种直接的关系!考虑相继斐波那契数相除的商:

$\dfrac{f_{n+1}}{f_n}$	$\dfrac{f_{n+1}}{f_n}$
$\dfrac{1}{1} = 1.000000000$	$\dfrac{55}{34} = 1.617647059$
$\dfrac{2}{1} = 2.000000000$	$\dfrac{89}{55} = 1.6182181618$
$\dfrac{3}{2} = 1.500000000$	$\dfrac{144}{89} = 1.617977528$
$\dfrac{5}{3} = 1.666666667$	$\dfrac{233}{144} = 1.618055556$
$\dfrac{8}{5} = 1.600000000$	$\dfrac{377}{233} = 1.618025751$
$\dfrac{13}{8} = 1.625000000$	$\dfrac{610}{377} = 1.618037135$
$\dfrac{21}{13} = 1.615384615$	$\dfrac{987}{610} = 1.618032787$
$\dfrac{34}{21} = 1.619047619$	

此外,你也可以推荐学生们去参考第4.8节,可以注意到ϕ[①]的相继的幂也为我们呈现了斐波那契数。

$$\phi^2 = \phi + 1$$
$$\phi^3 = 2\phi + 1$$
$$\phi^4 = 3\phi + 2$$
$$\phi^5 = 5\phi + 3$$
$$\phi^6 = 8\phi + 5$$
$$\phi^7 = 13\phi + 8$$

如果到现在,你的学生们还没有看出其中的关系,那么就请你在式中的各系数和各常数上作标记。这相当令人难以置信,两件(看起来)完全没有关系的事情突然彼此密切关联起来了。正是这一点令数学如此奇妙!

---

① ϕ代表黄金分割比。——原注

1.19 陷入无限循环

本节会展示一种不寻常的现象,它源自我们所用的十进制的独特性质。除了惊叹其结果之外,你没有多少可做的了。这不是某件你可以证明在所有情况下都成立的事情,然而至今还没有发现它对某个数来说是不成立的。这足以证明它本身显然总是成立的。你可能希望让学生们使用计算器,除非你想让他们练习减法运算。以下就是这个过程的进行方式:

首先让学生们选择一个四位数(四位数字都相同的除外)。

重新排列这个数的各位数字,使它们构成可能得到的最大数。然后再一次重新排列这个数的各位数字,使它们构成可能得到的最小数。

将这两个数相减(显然是用大数减去小数)。

取所得的差,然后继续这个过程。反复不断地进行下去,直到你注意到有什么打破平静的事情发生。在发生不同寻常的事情之前,请不要放弃。

最终,你会得到6174这个数,可能是在做了一次减法以后,也可能是在做了好几次减法以后。当你得到这个数时,你会发现自己陷入了一个无限循环。

到达这个循环时,请提醒你的学生们,他们是从一个随机选择的数开始的。这难道不是一个令人诧异的结果吗?这也许会激发一些学生的兴趣,让他们去进一步探究。其他学生则会心存敬畏地呆坐在那里。无论是哪种情况,他们都已再次被数学之美迷倒了。

以下是这项活动的一个例子。

我们(随机地)选择3203这个数。

其各位数字构成的最大数是3320。

其各位数字构成的最小数是0233。

它们的差是3087。

其各位数字构成的最大数是8730。

其各位数字构成的最小数是0378。

它们的差是8352。

其各位数字构成的最大数是8532。

其各位数字构成的最小数是2358。

它们的差是6174。

其各位数字构成的最大数是7641。

其各位数字构成的最小数是1467。

它们的差是6174。

于是这个循环形成了,因为你如果继续下去的话,就会反复得到6174。

1.20　幂循环

你能想得出一个数等于其各位数字的立方和吗?花点时间解释一下这究竟是什么意思。为了解这种最与众不同的现象,先把它们罗列出来。顺便说一下,这只对5个数成立。下面就是这5个最与众不同的数。

$$1 \rightarrow 1^3 = 1$$
$$153 \rightarrow 1^3 + 5^3 + 3^3 = 1 + 125 + 27 = 153$$
$$370 \rightarrow 3^3 + 7^3 + 0^3 = 27 + 343 + 0 = 370$$
$$371 \rightarrow 3^3 + 7^3 + 1^3 = 27 + 343 + 1 = 371$$
$$407 \rightarrow 4^3 + 0^3 + 7^3 = 64 + 0 + 343 = 407$$

学生们应该花一点时间去欣赏这些激动人心的结果,并注意让这种关系成立的数只有这几个。

取某一个数中各位数字的幂次和,会得出一些有趣的结果。我们可以扩展这个过程,来得到一种有趣的(更不必说是令人惊奇的)技巧,你可以利用这种技巧来让你的学生们熟悉数的幂,并同时尝试得到一个令人吃惊的结果。

让学生们选择任何一个数,然后求出其各位数字的立方和,正如我们在之前所做的那样。当然,对于除了以上这些数以外的任何其他数,他们都会得到一个新的数。让他们用每次求得的和一一重复这个过程,直到陷入一个"循环"为止。循环是很容易识别的。当他们得到一个先前得到过的数时,就陷入一个循环了。举一个例子会更加清楚。

让我们从352这个数开始,求出其各位数字的立方和。

352各位数字的立方和是$3^3+5^3+2^3=27+125+8=160$。下面我们用160这个和来重复这个过程。

160各位数字的立方和是$1^3+6^3+0^3=1+216+0=217$。用217再次重复这个过程。

217各位数字的立方和是$2^3+1^3+7^3=8+1+343=352$。大吃一惊吧!这就是我们开始的那个数(352)。

你也许会认为,如果从取平方开始,事情会比较简单。你肯定又要吃惊了。让我们用123这个数来试试看。

从123这个数开始，其各位数字的平方和是$1^2+2^2+3^2=1+4+9=14$。

1. 现在用14，其各位数字的平方和是$1^2+4^2=1+16=17$。

2. 现在用17，其各位数字的平方和是$1^2+7^2=1+49=50$。

3. 现在用50，其各位数字的平方和是$5^2+0^2=25+0=25$。

4. 现在用25，其各位数字的平方和是$2^2+5^2=4+25=29$。

5. 现在用29，其各位数字的平方和是$2^2+9^2=4+81=85$。

6. 现在用85，其各位数字的平方和是$8^2+5^2=64+25=89$。

7. 现在用89，其各位数字的平方和是$8^2+9^2=64+81=145$。

8. 现在用145，其各位数字的平方和是$1^2+4^2+5^2=1+16+25=42$。

9. 现在用42，其各位数字的平方和是$4^2+2^2=16+4=20$。

10. 现在用20，其各位数字的平方和是$2^2+0^2=4+0=4$。

11. 现在用4，其各位数字的平方和是$4^2=16$。

12. 现在用16，其各位数字的平方和是$1^2+6^2=1+36=37$。

13. 现在用37，其各位数字的平方和是$3^2+7^2=9+49=58$。

14. 现在用58，其各位数字的平方和是$5^2+8^2=25+64=89$。

请注意我们在第14步中刚刚得到的89这个和，在第6步中也同样得到过它，因此在第14步之后会开始一种重复。这意味着我们会继续陷入循环。

学生们也许想要用任意数的各位数字幂次和来尝试一下，看看这样做可能会导向哪些有趣的结果。应该鼓励他们去寻找循环的模式，比如根据初始数的性质来确定循环的大小。

无论如何，正如这里所呈现的那样，让你好奇的这节内容会带给你乐趣，也可以成为感兴趣的学生们深入探究的资源。

1.21　阶乘循环

本节内容引人入胜,会展示某些数的不寻常的联系。不过,在开始之前,请先与你的学生们复习一下$n!$的定义:

$$n! = 1 \times 2 \times 3 \times 4 \times \cdots \times (n-1) \times n$$

现在,学生们已经了解了阶乘的概念,那就让他们求出145的各位数字的阶乘之和吧。

$$1! + 4! + 5! = 1 + 24 + 120 = 145$$

大吃一惊吧!我们又回到了145。

只有对某些特定的数,其各位数字的阶乘之和才等于这个数本身。

让你的学生们用40 585这个数再试一下:

$$4! + 0! + 5! + 8! + 5! = 24 + 1 + 120 + 40\,320 + 120 = 40\,585$$

这个时候,学生们可能会猜测这对任何数都成立。好吧,让他们去试试另一个数。很有可能出现并不成立的结果。

现在让他们用871这个数来试试这个过程。他们会得到

$$8! + 7! + 1! = 40\,320 + 5040 + 1 = 45\,361$$

这时他们会感觉到自己又错了。

不要这么快断定。让他们用45 361再试试这个过程。这次他们会得到

$$4! + 5! + 3! + 6! + 1! = 24 + 120 + 6 + 720 + 1 = 871$$

这不就是我们开始时用的那个数吗?我们又一次构造了一个循环。

如果他们用872这个数来重复这一过程,他们会得到

$$8! + 7! + 2! = 40\,320 + 5040 + 2 = 45\,362$$

然后再重复这个过程,就会得到

$$4! + 5! + 3! + 6! + 2! = 24 + 120 + 6 + 720 + 2 = 872$$

我们又一次陷入了一个循环。

学生们通常都会很快作出一些归纳,所以他们也许会下结论说,将一个数的各位数字的阶乘相加,如果这个过程没有让你回到原来的那个数,那么再试一次就应该能行了。当然,你可以"设下圈套",给他们169这个数去尝试。两个周期看来并没有出现循环。那么就让他们再来一个周期。

不出所料,第三个周期让他们回到了原来那个数。

起始数	阶乘之和
169	1!+6!+9!=363 601
363 601	3!+6!+3!+6!+0!+1! =6+720+6+720+1+1=1454
1454	1!+4!+5!+4! =1+24+120+24=169

在让学生们下结论时要小心。这些阶乘的奇特现象并不普遍,因此你不要让学生去找到别的。存在三组这种类型的"能得到"的循环。我们可以根据得到原数时这个过程重复的次数来把它们编组。我们将这些重复次数称为"周期"。

这里我们总结了这些数在这种阶乘循环中的表现方式:

周期为1　　　1、2、145、40 585
周期为2　　　871、45 361 和 872、45 362
周期为3　　　169、363 601、1454

这种迷人的、小小的数的奇特现象所显示的阶乘循环可能很有趣,不过必须让学生们注意,在小于2 000 000的数中,再也没有其他满足这种情况的数了。因此不要让他们浪费时间。只要欣赏即可!

1.22 $\sqrt{2}$ 的无理性

当我们说 $\sqrt{2}$ 是无理数时,这是指什么意思?应该鼓励学生们去审视"无理数"这个词,以确定它的意思。

无理数意味着它不是有理数。

不是有理数意味着它不能表示为两个整数之比。

不能表示为一个比意味着它不能表示为一个简分数。

即不存在任何分数满足 $\frac{a}{b} = \sqrt{2}$(其中 a 和 b 都是整数)。

如果我们用计算器来计算 $\sqrt{2}$,就会得到

$$\sqrt{2} = 1.41421356237309504880168872420969807856967187537694$$
$$80731766797379907324784621070388503875343276415 72\cdots$$

请注意,在上面的各位数字中不存在任何模式,也没有成组的几位数字重复的现象。这是否意味着一切有理分数都会具有由一列数字构成的周期①?让我们来检验几个简分数。

$$\frac{1}{7} = 0.142857\underline{142857}\underline{142857}\underline{142857}\cdots$$

这可以写成 $0.\overline{142857}$(一个6位的周期)。

假设我们考虑 $\frac{1}{109}$ 这个分数:

$$\frac{1}{109} = 0.00917431192660550458715596330275229357798165 1376$$
$$1467889908256880733944954128440366972477064 2201834$$
$$8623\cdots$$

我们在这里将它的值计算到了小数点后100多位,还是没有周期出现。这是否意味着这个分数是无理数?这会导致我们先前的定义失效。我们可以尝试将这个值计算得更加精确一点,就是说,再多计算10位:

$$\frac{1}{109} = 0.009174311926605504587155963302752293577981 65137614$$
$$6788990825688073394495412844036697247706422 018348623$$
$$8532\underline{110091}\cdots$$

_____

① 由一列数字构成的周期是指一组重复的数字。——原注

突然之间,看起来好像有一种模式正在出现:0091也出现在这个周期的开头。

我们再进一步将计算进行到222位,可以发现,事实上出现了一个108位的周期:

$\frac{1}{109}$=0.0091743119266055045871559633027522935779816513761

467889908256880733944954128440366972477064220183486

238532110091743119266055045871559633027522935779816

513761467889908256880733944954128440366972477064220

18348623853211009174⋯

如果我们将计算展开到330位,那么这种模式就变得更加清晰了:

$\frac{1}{109}$=0.**009174311926605504587155963302752293577981651376**

14678899082568807339449541284403669724770642201834

86238532110091743119266055045871559633027522935779

81651376146788990825688073394495412844036697247706

422018348623853211**00917431192660550458715596330275**

22935779816513761467889908256880733944954128440366

97247706422018348623853211009174311926605504587159633027597247706422018348623853211009174⋯

我们也许可以得出结论(尽管没有证明):一个简分数的计算结果是一个具有重复数字周期的等值小数。有些简分数是我们早已熟悉的,比如

$\frac{1}{3}$=0.33333333$\overline{3}$

$\frac{1}{13}$=0.0769230769230769230769230$\overline{769230}$

至此,我们已经看到,一个简分数的计算结果是一个循环小数,这个小数有可能具有非常长的周期(例如$\frac{1}{109}$),也有可能具有非常短的周期(例如$\frac{1}{3}$)。从至今还相当脆弱的证据看来,似乎一个分数的计算结果是一个循环小数,而一个无理数则不然。不过,这并没有证明一个无理数就不能表达为一个分数。

这里有一种聪明的方法来证明$\sqrt{2}$不能表达为一个简分数,因此,根

据定义,它是一个无理数。

假设 $\dfrac{a}{b}$ 是一个最简分数,这就意味着 a 和 b 没有公因数。

假设 $\dfrac{a}{b} = \sqrt{2}$。那么 $\dfrac{a^2}{b^2} = 2$,或者 $a^2 = 2b^2$,这就意味着 a^2 和 a 都能被 2 整除;用另一种方式来写就是 $a = 2r$,其中 r 是一个整数。

于是 $4r^2 = 2b^2$,或者 $2r^2 = b^2$。

因此我们就得到 b^2 或 b 能被 2 整除。

这与一开始的那个 a 和 b 没有公因数的假设是矛盾的,因此 $\sqrt{2}$ 不能表达为一个简分数。

对于某些学生而言,要理解这种证明可能有点费力。不过通过缓慢而仔细地逐步深入,应该能让大多数学习过代数的学生能够理解它。

1.23   连续整数之和

问问你的学生们:哪些数可以表达为几个连续整数之和?你可以让你的学生们设法将最小的那一批自然数表达为几个连续整数之和,从而尝试为此建立起一条规则。我们在下面列出了其中的一些。

2 不能表达

3 = 1+2

4 不能表达

5 = 2+3

6 = 1+2+3

7 = 3+4

8 不能表达

9 = 4 +5

10 = 1+2+3+4

11 = 5+6

12 = 3+4+5

13 = 6+7

14 = 2+3+4+5

15 = 4+5+6

16 不能表达

17 = 8+9

18 = 5+6+7

19 = 9+10

20 = 2+3+4+5+6

21 = 1+2+3+4+5+6

22 = 4+5+6+7

23 = 11+12

24 = 7+8+9

25 = 12+13

26 = 5+6+7+8

27 = 8+9+10

28 = 1+2+3+4+5+6+7

29 = 14+15

30 = 4+5+6+7+8

31 = 15+16

32 不能表达

33 = 10+11+12

34 = 7+8+9+10

35 = 17+18

36 = 1+2+3+4+5+6+7+8

37 = 18+19

38 = 8+9+10+11

39= 19+20

40 = 6+7+8+9+10

这些连续整数之和的表达方法显然并不是唯一的。例如,30 也可以表达为 9+10+11 或者 6+7+8+9 等其他方式。检查这张列表的结果显示,不能表达为连续整数之和的那些数都是 2 的幂。

这是一个有趣的事实。我们预料不到会发生这样的事情。通过做出这样一张连续整数之和的列表,学生们会开始发现其中的一些模式。显而易见,三角形数等于前 n 个自然数之和。3 的倍数,即 $3n$,总是能表示为下列连续整数之和: $(n-1)+n+(n+1)$。学生们还会发现其他一些模式。这也是乐趣之一(更不用说其中的教学价值了——发现数的种种模式和关系)。

对于比较有雄心壮志的那些学生,我们现在会提供这种(至今仍是)推测的证明。首先,我们要确定什么时候可以把一个数表达为至少两个连续正整数之和。

通过应用等差数列求和的公式[①],让我们来分析一下,从 a 到 $b(b>a)$ 的(两个或更多个)连续正整数之和可以取哪些值。

$$S = a+(a+1)+(a+2)+\cdots+(b-1)+b=\left(\frac{a+b}{2}\right)(b-a+1)$$

将两边都加倍,得到:

$$2S=(a+b)(b-a+1)$$

令 $(a+b)=x$,$(b-a+1)=y$,可以注意到,x 和 y 都是整数,而且因为它们的和 $x+y=2b+1$ 是奇数,所以 x、y 中有一个是奇数,而另一个是偶数。关注 $2S=xy$。

情况 1: S 是 2 的幂。

设 $S=2^n$。我们得到 $2 \times 2^n=xy$,或者 $2^{n+1}=xy$。将 2^{n+1} 表示为一个偶数和一个奇数之积的唯一方式,就是这个奇数是 1 的情况。如果 $x=a+b=1$,那么 a 和 b 就不可能都是正整数。如果 $y=b-a+1=1$,那么我们就得到 $a=b$,而这也不可能发生。因此,S 不可能是 2 的幂。

情况 2: S 不是 2 的幂。

设 $S=m \cdot 2^n$,其中 m 是一个大于 1 的奇数。我们得到 $2(m \cdot 2^n)=xy$,或者 $m \cdot 2^{n+1}=xy$。现在我们要找到两个正整数 a 和 b,满足 $b>a$,且 $S=a+(a+1)+\cdots+b$。

2^{n+1} 和 m 这两个数不相等,因为其中一个是奇数,另一个是偶数。因此,其中一个数大于另一个数。指定 x 为较大的那个数,y 为较小的那个

---

① $S=\frac{n}{2}(a+l)$,其中 n 是项数,a 是第一项,l 是最后一项。——原注

数。这一指定给出了 a 和 b 的一种解答。因为 $x+y=2b+1$，这给出了 b 的一个正整数值，而 $x-y=2a-1$，又给出了 a 的一个正整数值。另外，$y=b-a+1>1$，因此 $b>a$，符合条件。这样，a 和 b 就求得了。

因此，对于不是 2 的幂的任何 S，我们都可以找到两个正整数 a 和 b，其中 $b>a$，满足 $S=a+(a+1)+\cdots+b$。

总之，当且仅当一个数不是 2 的幂时，这个数才可以表达为（至少两个）连续整数之和。

第2章 几个算术奇迹

学生们常常把做算术看成是一种负担。他们"不得不"死记硬背种种算法,却没有许多机会去欣赏算术的本质。这里有一些能绕过某些算术过程的巧妙捷径,还有一些能避免繁琐算术过程的"窍门"。例如,对除数的数字进行直观检查就是一种非常有用的技巧,而乘法的某些变化形式与其说是具有实际用途,不如说是为了好玩。无论是哪种情况,它们都帮助我们把算术这个主题带进了生活。

本章还包括几节消遣性的内容,它们会强化学生们对各种算术过程本质的理解。例如,"字母算术"那一节为学生们提供了一个真正在位值制范围内操练的机会,超越了他们所学的那些死记硬背的算法。

在处理复利,或者想要深入了解复利效应的威力时,"72法则"那一节会特别有用。将这一节内容介绍到什么程度,应该取决于学生们的水平及其感兴趣程度。可以将它作为一种算法来介绍,也可以将它作为一种研究,去发现它为什么会奏效。

有好几种确定整除性的快捷方法可以应用在日常生活中,不过无论如何,它们都给学生提供了一种对算术本质的更加可靠的理解。在每一节中都有一些应用该节内容的建议。在某些情况下,补充的内容只是为了娱乐,而在另一些情况下,则可能让你学到一些相当有用的技巧。

从本质上来说,本章呈现的是算术应用的各个方面,其唯一目的就是激起学生们对这一学科的兴趣,而这个学科对他们而言多半是单调乏味的。

2.1 乘以11

这里有一种非常精巧的计算乘以11的方法。这种方法总是会引发学生们的强烈反响,因为它是如此简单——而且信不信由你,甚至比用计算器来做还要简单!

法则十分简单:要将一个两位数乘以11,只要将它的两位数字相加,然后将所得的和放在这两位数字中间[①]。

例如,假设你需要将45乘以11。根据这条法则,将4和5相加,并将结果放在4和5中间,于是得到495。就是这么简单。

正如学生们很快就会指出的那样,事情会变得稍微困难一点。如果这两位数字的和大于9,那么我们就要将其个位数字放在被11乘的那个数的中间,并将其十位数字"进位",加在被乘数的百位上。让我们用78×11来试一试。7+8=15,因此我们就将5放在7和8之间,并将1加到7上,结果得到[7+1][5][8],即858。

学生们接下去会要求你将这个过程扩展到多于两位的那些数。让我们直接去找一个像12 345这样的大数,并将它乘以11。

这里我们从右边的数位开始,将每一对数字相加直至左边。

$$1[1+2][2+3][3+4][4+5]5 = 135\ 795$$

如果某两位数字之和大于9,那么就采用前文描述过的那种步骤:恰当地放置个位数字,然后将十位数字进位。我们会在这里为你演示其中一个例子。将456 789乘以11。我们一步一步地来进行这个过程:

$4[4+5][5+6][6+7][7+8][8+9]9$

$4[4+5][5+6][6+7][7+8][17]9$

$4[4+5][5+6][6+7][7+8+1][7]9$

$4[4+5][5+6][6+7][16][7]9$

$4[4+5][5+6][6+7+1][6][7]9$

$4[4+5][5+6][14][6][7]9$

$4[4+5][5+6+1][4][6][7]9$

---

① 这样做是有一些恰当"原因"的,后文中会有解释。——原注

4[4+5][12][4][6][7]9

4[4+5+*1*][2][4][6][7]9

4[10][2][4][6][7]9

[4+*1*][0][2][4][6][7]9

[5][0][2][4][6][7]9

5 024 679

学生们会对这个过程极感兴趣,因为它是如此简单。他们会回家向家人和朋友们演示。通过演示和计算,这种方法就留在他们心里了。你的目标是要让学生们保持这种兴趣。

2.2　一个数何时能被11整除

设法让你的学生们相信,只有在最为奇特的情况下,你才可能会遇到一个数是否能被11整除的问题。如果你手边有一台计算器,那么这个问题就很容易解决。不过情况并不总是这样。好在有这样一条有效的"法则"可以用来检验一个数是否能被11整除,单单基于其魅力,也值得向学生们展示它。

这条法则相当简单:**如果奇偶交错位数字之和的差能够被11整除,那么原数也能够被11整除**。这听起来有点复杂,其实不然。让你的学生们将这条法则分段理解。交错位数字之和的意思是,你从这个数的一端开始,取第一位、第三位、第五位……的数字,并将它们相加。然后再将余下的各位(偶数位)数字相加。将这两个和相减,并检查它是否能被11整除。

最好的方法可能还是用一个例子来向学生们说明。我们来检验一下768 614是否能被11整除。交错位数字之和为

$$7+8+1=16 \quad 和 \quad 6+6+4=16$$

这两个和的差16−16=0能被11整除[1]。

再举另外一个例子可能会有助于加强学生们的理解。请检验一下918 082是否能被11整除。求出交错位数字之和:

$$9+8+8=25 \quad 和 \quad 1+0+2=3$$

它们的差25−3=22能被11整除,因此918 082这个数也能被11整除[2]。

---

[1] 请记住,$\frac{0}{11}=0$。——原注

[2] 对于感兴趣的学生,下面有一段简短的讨论,说明这条法则为什么会奏效。考虑数 $abcde$,它的值可以表达为

$N=10^4a+10^3b+10^2c+10d+e$

$=(11-1)^4a+(11-1)^3b+(11-1)^2c+(11-1)d+e$

$=[11M+(-1)^4]a+[11M+(-1)^3]b+[11M+(-1)^2]c+[11+(-1)]d+e$

$=11M[a+b+c+d]+a-b+c-d+e$

这就意味着 N 是否能被11整除,取决于 $a-b+c-d+e=(a+c+e)-(b+d)$,即交错位数字之和的差的整除性。

注意:$11M$ 是指该数是11的一个倍数。——原注

现在要做的就是让你的学生们用这条法则来练习。他们练习越多，就会越喜欢它，而且他们会乐于向家人和朋友们展示这条法则。

2.3　一个数何时能被3或9整除

被3或9整除的问题在日常情况下出现得相当频繁。有时候情况可能不太明显,不过你可以把这个问题交给学生们,他们肯定会想出一些例子的。举出的这些例子最好不适宜用一台计算器来检验其整除性,而且实际的商并不太重要,问题只在于能不能整除。

简单地说,这条法则是:**如果一个数的各位数字之和能被3(或9)整除,那么原数就能被3(或9)整除**[①]。

可能举一个例子就会大大加强对这条法则的理解。考虑296 357这个数。让我们来检验它是否能被3(或9)整除。其各位数字之和是2+9+6+3+5+7=32,它不能被3或9整除,因此原数296 357也就不能被3或9整除。

再举一个例子:457 875这个数是否能被3或9整除?其各位数字之和是4+5+7+8+7+5=36,它能被9整除(于是当然也能被3整除),因此457 875这个数也就能被3或9整除。

最后一个例子:27 987这个数是否能被3或9整除?其各位数字之和是2+7+9+8+7=33,它能被3整除,但是不能被9整除,因此27 987这个数能被3整除而不能被9整除。

应该鼓励学生们用各种各样的数去练习这条法则。

[①] 对于感兴趣的学生,下面有一段简短的讨论,说明这条法则为什么会奏效。考虑数 $abcde$,它的值可以表达为

$N=10^4a+10^3b+10^2c+10d+e$

$=(9+1)^4a+(9+1)^3b+(9+1)^2c+(9+1)d+e$

$=[9M+(1)^4]a+[9M+(1)^3]b+[9M+(1)^2]c+[9+(1)]d+e$

$=9M[a+b+c+d]+a+b+c+d+e$

这就意味着 N 是否能被9整除,取决于 $a+b+c+d+e$,即各位数字之和的整除性。

注意: $9M$ 是指该数是9的一个倍数。——原注

2.4 除数为素数的可整除性

在上一节中,我们介绍了一种实用的小技巧,用来确定一个数是否能被3或9整除。大多数学生只需要观察一个数的最后一位(即个位),就能确定这个数是否能被2,或是否能被5整除。就是说,如果最后一位是偶数(即2、4、6、8、0),那么这个数就能被2整除[①]。5的情况与此类似:如果被考察整除性的这个数的最后一位是0或5,那么这个数也就能被5整除[②]。于是下一个问题就是:对于其他的数,是否也存在整除性法则?除数为素数的情况又如何?

随着计算器的普及,识别出某一给定的数能被哪些数整除,已经不再是一种迫切的需求了。你可以简单地用一台计算器来做除法。不过,为了更好地欣赏数学,整除性法则提供了一扇有趣的"窗户",来通往数及其各种特性的本质。出于这个(以及其他一些)原因,关于整除性的论题仍然在数学学习的范围内占有一席之地,也应该介绍给学生们。

为被素数整除建立一些法则一直是最令人困扰的问题。对于被7整除尤其如此,它紧接在从2到6[③]的一系列非常精巧的整除性法则之后。应该预先告诉学生们,素数的一些整除性法则几乎与辗转相除法一样繁琐,不过这些法则很有趣,而且信不信由你,它们迟早能派上用场。你必须将本节内容作为一个"趣味节"来介绍,这样学生们就不会将其看作要死记硬背的东西。准确地说,他们应该设法理解这些法则的基础。

让我们来考虑被7整除的法则,然后在我们检验它的时候,再来看看如何能够将它推广到其他素数。

---

① 顺便提一下,如果一个数的最后两位构成的数能被4整除,那么原数也能被4整除。类似地,如果一个数的最后三位构成的数能被8整除,那么原数也能被8整除。你应该能够把这一法则推广到2的更高幂次的整除性。——原注

② 如果一个数的最后两位构成的数能被25整除,那么原数也能被25整除。这类似于2的幂次的那条法则。在这里你有没有推测出2与5之间的关系?是的,2与5是10的因数,而10正是我们的十进制数的基数。——原注

③ 是否能被6整除的法则,就是应用被2和3整除的法则——一个能被6整除的数,必须同时能被2和3整除。——原注

被7整除的法则：从给定的数中删去最后一位，然后将剩下的数减去这个删除的数的2倍。如果所得的结果能被7整除，那么原数就能被7整除。如果所得的结果太大，无法简单地检验其能否被7整除，那么可以再次重复这个过程。

让我们尝试用一个例子来说明这条法则如何运作。假设我们想要检验876 547这个数是否能被7整除。

从876 547开始，删去其个位7，然后用剩下的数减去它的2倍14，得到876 54-14=87 640。因为我们还不能直接看出所得的数是否能被7整除，我们将继续这个过程。

用所得的数87 640继续下去，删去其个位0，然后用剩下的数减去它的2倍，还是0，我们得到8764-0=8764。因为得到的数8764仍然是我们要检验能否被7整除的那个，我们将继续这个过程。

用所得的数8764继续下去，删去其个位4，然后用剩下的数减去它的2倍8，我们得到876-8=868。因为我们还不能直接看出所得的数868是否能被7整除，我们将继续这个过程。

用所得的数868继续下去，删去其个位8，然后用剩下的数减去它的2倍16，我们得到86 - 16=70，它能被7整除。因此，876 547这个数能被7整除。

在继续讨论除数为素数的可整除性之前，你应该让学生们用几个随机选择的数来练习这条法则，然后用计算器来检验他们的结果。

现在来欣赏数学之美！为什么这个相当奇怪的过程会奏效？理解它为什么会奏效，这确实就是数学的奇妙之处。数学不会产生一些我们在很大程度上无法证明其合理性的事情[1]。在你的学生们明白这个过程中发生了什么事以后，他们就会觉得这一切有道理了。

为了检验确定被7整除的这种技巧，请考虑（你"删去"的）这些末位数字的各种可能性，以及删去最后一位数字后实际进行的对应减法。在下

---

[1] 在数学中还有一些现象尚未被证实（或者证明），不过这并不意味着我们在未来也无法证实。我们花了350年才证明了费马大定理！这是怀尔斯博士在几年前做到的。——原注

面的图表中,学生们会看到,删去末位数字并将它加倍,从而得到被减去的那个数,这个过程是如何在每种情况下都给了我们一个7的倍数。也就是说,他们从原数中去掉了"一系列的7"。因此,如果剩下的数能被7整除,那么原数也就能被7整除。因为他们将原数分成了两部分,其中每个部分都能被7整除,进而整个数也就能被7整除。

末位数字	从原数中减去的数	末位数字	从原数中减去的数
1	$20+1=21=3×7$[①]	5	$100+5=105=15×7$
2	$40+2=42=6×7$	6	$120+6=126=18×7$
3	$60+3=63=9×7$	7	$140+7=147=21×7$
4	$80+4=84=12×7$	8	$160+8=168=24×7$
		9	$180+9=189=27×7$

被13整除的法则:这与检验被7整除的那条法则类似,只是用**13**来取代**7**,并且我们不是每次减去删除的数的**2**倍,而是减去它的**9**倍。

让我们来检验5616这个数是否能被13整除。

从5616开始,删去其个位6,然后用剩下的数减去它的9倍54,得到561−54=507。因为我们还不能直接看出所得的数是否能被13整除,我们将继续这个过程。

用所得的数507继续下去,删去其个位7,然后用剩下的数减去它的9倍,得到50−63=−13,能被13整除。因此,原数能被13整除。

为了确定9这个"倍数",我们寻找以1结尾的、13的最小倍数。这个数是91,它的十位数字是个位数字的9倍。再一次,请考虑下表中末位数字的各种可能性,以及对应的减法。

在每种情况下,都从原数中一次或多次减去13的一个倍数。因此,如果剩下的数能被13整除,那么原数也就能被13整除。

被17整除的法则:每次从所得的数中删去最后一位,并减去这个删除的数的**5**倍,直到你得到一个足够小,从而能确定它是否能被17整除的

---

① 设原来的数为x,末位数字为1,经过上述步骤后得出的数为y,则有$\frac{x-1}{10}-2=y$,因此$x-1-20=10y$,由此我们说原数x减去了21=3×7。类似有其他情况。——译注

让数学之美带给你灵感与启发 数学奇观
58

末位数字	从原数中减去的数	末位数字	从原数中减去的数
1	90+1=91=7×13	5	450+5=455=35×13
2	180+2=182=14×13	6	540+6=546=42×13
3	270+3=273=21×13	7	630+7=637=49×13
4	360+4=364=28×13	8	720+8=728=56×13
		9	810+9=819=63×13

数为止。

如同我们证明7和13的那两条整除性法则那样,我们可以证明被17整除的这条法则。这个过程的每一步都从原数中减去"一系列的17",直至我们将数缩减到一个容易识别的大小,然后直接看出它是否能被17整除。

上面(用于7、13和17的)三条整除性法则中建立起来的这些模式,可以引导学生们建立起一些检验能否被更大素数整除的类似法则。下面这个表格提供了几个不同素数被删除数字的"倍数"。

要检验整除性的数	7	11	13	17	19①	23	29	31	37	41	43	47
倍数	2	1	9	5	17	16	26	3	11	4	30	14

学生们也许会想要扩展这张表。这很有趣,而且会提高他们对数学的感知能力。他们也许还想要把整除性法则的知识扩展到将合数(也就是非素数)也包含在内。为什么下面这条法则针对的是互素的因子,而不是任何因子,其中的原因会让学生们对数的种种特性理解得更加精确。对这个问题的最简单的回答可能是,互素的因子具有互相独立的整除性法则,而其他的因子则可能不是这样。

被合数整除的法则:如果一个给定的数能被一个合数的每个互素因子整除,那么这个数就能被这个合数整除。

---

① 关于能否被19整除,存在另一条奇异的法则。从要检验能否被19整除的那个数中删去最后一位,并将剩下的数加上这个删除的数的2倍。继续这个过程,直到你能识别出它能否被19整除为止。——原注

下表提供了这条法则的几个例证。让你的学生们将这张表补全到数48。

如果能被这些数整除	6	10	12	15	18	21	24	26	28
那么就必须能被这些数整除	2,3	2,5	3,4	3,5	2,9	3,7	3,8	2,13	4,7

此时,你的学生们不仅有了一张用来检验整除性的相当完整的列表,还对初等数论有了一种有趣的深入认识。明智之举是让学生们练习应用这些法则(从而逐步提高他们的熟悉程度),并尝试建立起一些法则来检验能否被十进制的其他数整除,进而将这些法则推广到其他数。遗憾的是,因篇幅所限,在此不能详述了。不过,现在我们已经成功激发了学生这个重要群体对数学的探索欲望!

2.5　俄罗斯农民的相乘方法

你应当这样开始讲解这一节,向学生们提及,据说俄罗斯的农民曾使用一种相当奇怪甚至是原始的方法来将两个数相乘。这种方法实际上相当简单,却又多少有点繁琐。让我们来看一下。

考虑求43×92的乘积这道题目。让我们一起来做这道乘法。我们首先建立一张由两列数构成的表,将要相乘的这两个数放在表的第一行。你在下面会看到43和92位于这两列的表头。其中一列是将每个数加倍后得到下一个数,而另一列则是将每个数减半并舍去余数。为了方便起见,我们将第一列作为加倍列,并将第二列作为减半列。请注意,在将例如23(第二列第三个数)这样的奇数减半时,我们得到商11和余数1,这时我们要将1舍去。余下的这种减半过程现在应该很清楚了。当"减半"列到达1时,这个过程结束。

我们在每个数下方都排出一列数。一列是加倍的数,另一列则是减半的数(舍去余数)。

43	92
86	46
172	**23**
344	**11**
688	**5**
1376	2
2752	**1**

现在让学生们找到减半列(这里是右边一列)中的那些奇数。然后让他们求出它们在加倍列(这里是左边一列)中的对应数之和。这些数都用粗体标明了。由此,43×92=172+344+688+2752=3956。

这种乘法也可以这样进行:将第一列中的数减半,并将第二列中的数加倍,请看下表。

43	92
21	**184**
10	368
5	**736**
2	1472
1	**2944**

再次,我们在减半列中找到奇数(用粗体标明),然后求出在第二列(现在是加倍列)中与它们对应的数之和。于是有43×92=92+184+736+2944=3956。

尽管这种相乘算法[1]的效率不高,但是它确实让学生们能够审视在相乘过程中发生了什么。你也许会想要用以下这两种表述方式之一来对此进行解释。

下面你会看到在上面的相乘算法中发生了什么事。

$$43×92 = (21×2+1)×92 = 21×184 + 92 = 3956$$
$$21×184 = (10×2+1)×184 = 10×368 + 184 = 3864$$
$$10×368 = (5×2+0)×368 = 5×736 + 0 = 3680$$
$$5×736 = (2×2+1)×736 = 2×1472 + 736 = 3680$$
$$2×1472 = (1×2+0)×1472 = 1×2944 + 0 = 2944$$
$$1×2944 = (0×2+1)×2944 = 0 + 2944 = 2944$$
$$\overline{3956}$$

对于那些熟悉二进制系统的人,我们也可以用以下表述方式来解释这种俄罗斯农民的相乘方法:

$$43×92 = (1×2^5+0×2^4+1×2^3+0×2^2+1×2^1+1×2^0)×92$$
$$= 2^0×92+2^1×92+2^3×92+2^5×92$$
$$= 92+184+736+2944$$
$$= 3956$$

对你的学生说明这种方法的正当性,选择讲到什么程度完全由你决

---

[1] 数年前,我的班里有一名学生,我向她说明了这种算法,后来她提到,她的母亲就是用这种方法来将数相乘的。是的,她确实是从俄罗斯移民过来的。——原注

定,这也取决于你的学生的类型和水平。重要的是,学生们能有机会见识到,存在另一种做乘法的方法,尽管它并没有提高效率。他们至少会明白,不存在将两个数相乘的全球通用方法。

2.6　乘以21、31和41的快速方法

有些时候，只要你仔细审视自己在做的事情，乘法算法就会为你提供一些简捷的相乘方法。让你的学生们用21、31、41、51…这些数进行各式各样的乘法。

他们很快就会在无意中发现一种精巧的乘法小捷径。

乘以21：将该数加倍，然后乘以10，再加上原数。

例如：要做37×21，

将37加倍得到74，乘以10得到740，

然后加上原数37，得到777。

乘以31：取该数的3倍，然后乘以10，再加上原数。

例如：要做43×31，

取43的3倍得到129，乘以10得到1290，

然后加上原数43，得到1333。

乘以41：取该数的4倍，然后乘以10，再加上原数。

例如：要做47×41，

取47的4倍得到188，乘以10得到1880，

然后加上原数47，得到1927。

至此，你的学生们应该能够看出其中的模式了。让他们将这条法则进一步推广到其他数。

2.7　聪明的加法

数学史上最为人津津乐道的故事之一,就是著名数学家高斯在10岁时为了应付老师布置的作业,心算从1加到100[①]。尽管这是一个讨巧的故事,总是会得到一种极为赞许的回应,不过这种求和法在学习过程中产生的作用,是建立一个求等差数列之和的通用公式。

高斯在没有写下任何一个数字的情况下计算出前100个自然数之和,他并不是将这些数按照它们的出现顺序来相加,而是采用了以下方式:第一个加最后一个,第二个加倒数第二个,第三个加倒数第三个,以此类推:

$$1+100 = 101$$
$$2+99 = 101$$
$$3+98 = 101$$
$$4+97 = 101$$
$$\vdots$$
$$50+51 = 101$$

这50对数的和为50×101=5050。

在揭晓高斯的方法之前,给你班里的学生们布置这道加法题目,看看是不是有什么天才人物,会很有趣。不过请记住,据推测高斯当时是10岁。

对于一个由n项构成的等差数列,其中a为第一项,l为最后一项,要得出一个求和的通用公式,只要使用高斯的方法:

总和=$\dfrac{n}{2}(a+l)$

---

① 根据贝尔(E. T. Bell)在他的《数学大师》(*Men of Mathematics*, New York: Simon & Schuster,1937)一书中的描述,布置给高斯的这道题目大致如此:81 297+81 495+81 693+…+100 899,其相继项之间的公差是198,共有100项。如今的传说都使用从1到100这些数的总和,这也同样能说明问题,只是形式较为简单。——原注
《数学大师》一书有中译本,徐源译,上海科技教育出版社,2004年。——译注

2.8 字母算术

（从阿拉伯文明学习而来的）西方文明所作出的重大进展之一，是将一种位值制应用于我们的算术。使用罗马数字来进行计算，不仅繁琐，而且许多算法都无法进行。正如前文提到过的，印度—阿拉伯数字的首次出现，是在1202年斐波那契撰写的《计算之书》中。位值制不仅有用，还能为我们提供一些趣味数学内容，这些内容可以让我们扩展对于位值制的理解和熟练程度。

将各种推理技能应用于分析一种加法运算，对训练数学思维会起到非常重要的作用。提前声明：有些学生可能要费一番力气，不过最终都会"弄明白"的，只要教师能意识到许多学生在分析算法方面知识有限。首先来考虑下面这道题目。

下列字母代表一个简单加法的各位数字：

$$
\begin{array}{r}
S\,E\,N\,D \\
+\quad M\,O\,R\,E \\
\hline
M\,O\,N\,E\,Y
\end{array}
$$

如果每个字母都表示一个唯一的数字，如M不能等于D，要使该加法成立，试求这些字母所代表的数字。

随后让你的学生们去证明这个解答是唯一的，也就是说，只存在一种可能的解答。这个活动中最重要的是分析，尤其应该重视推理过程。我们会（以很小的步幅）逐步解答它，这样我们就可以塑造起一种可以向学生展示的方法。

两个四位数之和不可能产生一个大于19 999的数。因此，**M=1**。

于是我们得到 MORE<2000 和 SEND<10 000。由此可得 MONEY<12 000。因此，O要么是0，要么是1。不过1已经用过了，所以**O=0**。

我们现在得到

$$
\begin{array}{r}
S\,E\,N\,D \\
+\quad 1\,0\,R\,E \\
\hline
1\,0\,N\,E\,Y
\end{array}
$$

现在MORE<1100。如果SEND小于9000,那么MONEY<10 100,这就意味着N=0。不过这是不可能的,因为0已经用过了。因此SEND>9000,于是**S=9**。

我们现在得到

$$
\begin{array}{r}
9\,E\,N\,D \\
+\quad 1\,0\,R\,E \\
\hline
1\,0\,N\,E\,Y
\end{array}
$$

要完成这道题目,剩下还可以用的数字有{2,3,4,5,6,7,8}。

让我们来考察个位的数字。最大的和是7+8=15,而最小的和是2+3=5。如果D+E<10,那么D+E=Y,没有向十位上进位。否则的话,D+E=Y+10,向十位上的那一列进1。

将这个论证再向十位那一列推进一步,我们就得到两种情况:N+R=E,不进位;或者N+R=E+10,向百位进1。不过,如果不向百位上进位,那么会有E+0=N,这就意味着E=N。这与要求不符。因此必须要向百位上进位。这样就有N+R=E+10,以及E+0+1=N,或者说E+1=N。将N的这个值代入前一个等式,我们就得到(E+1)+R=E+10,这就意味着R=9。不过这个值已经被S用过了。我们必须尝试另一种情况。

因此,我们会假设D+E=Y+10。因为之前我们刚刚走进过死胡同,所以必须向十位上进位。

现在十位上的和是1+2+3<1+N+R<1+7+8。不过,如果1+N+R<10,那么就不会向百位上进位,于是又出现之前与要求不符的情况:E=N。于是我们得到1+N+R=E+10,这保证了需要向百位上进位。因此,1+E+0=N,即E+1=N。

将此式代入上面的等式(1+N+R=E+10),得到1+(E+1)+R=E+10,或者说**R=8**。

我们现在得到

$$
\begin{array}{r}
9\,E\,N\,D \\
+\quad 1\,0\,8\,E \\
\hline
1\,0\,N\,E\,Y
\end{array}
$$

从剩下的可用数字清单中，我们发现D+E<14。

因此由等式D+E=Y+10可得，Y不是2就是3。如果Y=3，那么D+E=13，这意味着D和E这两个数字只能取6或者7。

如果D=6而E=7，那么从前面一个等式E+1=N，我们会得到N=8。由于R=8，此情况不符合要求。

如果D=7而E=6，那么从前面一个等式E+1=N，我们会得到N=7。此情况也不符合要求。因此，**Y=2**。

我们现在得到

$$
\begin{array}{r}
9\,E\,N\,D \\
+\quad 1\,0\,8\,E \\
\hline
1\,0\,N\,E\,2
\end{array}
$$

于是，D+E=12。要得到这个和，唯一的方式就是用5和7相加。如果E=7，那么我们又一次由E+1=N得到不符合要求的N=8。因此，**D=7且E=5**。我们现在可以再次使用E+1=N这个等式来得到**N=6**。

最终，我们得到了解答：

$$
\begin{array}{r}
9\,5\,6\,7 \\
+\quad 1\,0\,8\,5 \\
\hline
1\,0\,6\,5\,2
\end{array}
$$

这项相当费脑力的活动应该能为你的学生们提供一些重要的训练和对数学的深入理解。

2.9   可笑的错误

学生们有时会为我们提供一些探索数学怪现象的想法。有时学生们做了某件在数学上完全错误的事情,最终却仍然得出正确的答案,你看到这种情况的频率有多高?这甚至可能会引发学生们为他们的错误行为辩解,因为它得出了正确的结果。让我们来考虑一下分数的约分。

麦克斯韦在他的《数学中的谬论》(*Fallacies in Mathematics*, London: Cambridge University Press, 1959)一书中,将下列约分称为可笑的错误:

$$\frac{16}{64} = \frac{1}{4} \qquad \frac{26}{65} = \frac{2}{5}$$

通过让你的学生们将下列分数约到最简来开始你的讲解:$\frac{16}{64}$、$\frac{19}{95}$、$\frac{26}{65}$ 和 $\frac{49}{98}$。在他们用通常的方法将每个分数都约到最简后,再问他们为什么不简单地用下面这种方法来做:

$$\frac{16}{64} = \frac{1}{4}$$
$$\frac{19}{95} = \frac{1}{5}$$
$$\frac{26}{65} = \frac{2}{5}$$
$$\frac{49}{98} = \frac{4}{8} = \frac{1}{2}$$

此时,你的学生们多少会产生一些困惑。他们的第一反应可能会问,这种方法是否可以用于此类由两位数构成的任何分数。向你的学生们提出挑战,让他们找到另一个用这种约分方法能奏效的(由两位数构成的)分数。学生们也许会列举 $\frac{55}{55} = \frac{5}{5} = 1$ 来作为这种约分的一个例证。向他们指出,尽管对于一切属于11的倍数的两位数,这种约分都成立,但是这没有什么价值,而我们关心的只是真分数(即值小于1的那些分数)。

对基础比较好的班级,或者对在初等代数上具有良好运算能力的个人,你也许想要"解释"这种状况。也就是说,为什么上面的4个例子是这种约分方法能奏效的仅有的(由两位数构成的)分数?

让学生们考虑 $\dfrac{10x+a}{10a+y}$ 这个分数。

上面4个分数的约分过程是这样的:当消去两个 a 后,该分数等于 $\dfrac{x}{y}$。

因此,

$$\frac{10x+a}{10a+y}=\frac{x}{y}$$

这就给出

$$y(10x+a)=x(10a+y)$$
$$10xy+ay=10ax+xy$$
$$9xy+ay=10ax$$

因此,

$$y=\frac{10ax}{9x+a}$$

此时,让学生们检查这个等式。他们应该意识到,x、y 和 a 必须都是整数,因为它们都是一个分数的分子和分母中的各位数字。现在他们的任务就是要找到 a 和 x 的值,从而使 y 也是一个整数。

为了避免大量代数运算,你可以让学生们建立起一张根据 $y=\dfrac{10ax}{9x+a}$ 产生 y 值的表。请提醒他们注意,x、y 和 a 必须都是一位数。以下就是他们会构建的表格的一部分。请注意,表中排除了 $x=a$ 的那些情况,因为此时 $\dfrac{x}{y}=1$。

x	a							
	1	2	3	4	5	6	...	9
1		$\dfrac{20}{11}$	$\dfrac{30}{12}$	$\dfrac{40}{13}$	$\dfrac{50}{14}$	$\dfrac{60}{15}=4$		$\dfrac{90}{18}=5$
2	$\dfrac{20}{19}$		$\dfrac{60}{21}$	$\dfrac{80}{22}$	$\dfrac{100}{23}$	$\dfrac{120}{24}=5$		
3	$\dfrac{30}{28}$	$\dfrac{60}{29}$		$\dfrac{120}{31}$	$\dfrac{150}{32}$	$\dfrac{180}{33}$		
4								$\dfrac{360}{45}=8$
⋮								
9								

在上面给出的这一部分图表中，产生了 y 的 4 个整数值。其中两个如下：如果 $x=1$，$a=6$，那么 $y=4$；如果 $x=2$，$a=6$，那么 $y=5$。这些值分别给出 $\frac{16}{64}$ 和 $\frac{26}{65}$ 这两个分数。另外两个 y 的整数值由以下两种情况得到：当 $x=1$，$a=9$ 时，得到 $y=5$；当 $x=4$，$a=9$ 时，得到 $y=8$。这就产生了 $\frac{19}{95}$ 和 $\frac{49}{98}$ 这两个分数。这应该会让学生们信服，只有 4 个由两位数构成的此类分数。

学生们现在也许想要知道，是否存在着一些由两位以上数字构成分子和分母的分数，它们也能满足这种奇怪的约分类型。让学生们用 $\frac{499}{998}$ 尝试一下这种约分。他们应该会发现

$$\frac{499}{998} = \frac{4}{8} = \frac{1}{2}$$

很快他们就会意识到

$$\frac{49}{98} = \frac{499}{998} = \frac{4999}{9998} = \frac{49\,999}{99\,998} = \cdots$$

$$\frac{16}{64} = \frac{166}{664} = \frac{1666}{6664} = \frac{16\,666}{66\,664} = \frac{166\,666}{666\,664} = \cdots$$

$$\frac{19}{95} = \frac{199}{995} = \frac{1999}{9995} = \frac{19\,999}{99\,995} = \frac{199\,999}{999\,995} = \cdots$$

$$\frac{26}{65} = \frac{266}{665} = \frac{2666}{6665} = \frac{26\,666}{66\,665} = \frac{266\,666}{666\,665} = \cdots$$

感兴趣的学生们也许会设法说明原来的可笑错误的这些扩展情况也是有道理的。如果学生们此刻想了解更多，要找出另外一些可以用这种奇怪方式约分的分数，那么就向他们展示下列分数吧。他们应该验证这种奇怪约分的合理性，然后再着手去发现更多这样的分数。

$$\frac{3\not32}{8\not30} = \frac{32}{80} = \frac{2}{5}$$

$$\frac{3\not85}{8\not80} = \frac{35}{80} = \frac{7}{16}$$

$$\frac{1\not38}{3\not45} = \frac{18}{45} = \frac{2}{5}$$

$$\frac{2\not75}{7\not70} = \frac{25}{70} = \frac{5}{14}$$

$$\frac{1\not6\not3}{3\not2\not6} = \frac{1}{2}$$

这个论题不仅提供了一种数学应用,能够以一种激发学习积极性的方式引入若干重要的论题,它还能提供一些趣味活动。这里还有另外一些类似的"可笑错误"。

$$\frac{48\cancel{4}}{8\cancel{4}7} = \frac{4}{7} \qquad \frac{5\cancel{4}5}{65\cancel{4}} = \frac{5}{6} \qquad \frac{\cancel{4}24}{7\cancel{4}2} = \frac{4}{7} \qquad \frac{24\cancel{9}}{\cancel{9}96} = \frac{24}{96} = \frac{1}{4}$$

$$\frac{48\cancel{4}8\cancel{4}}{8\cancel{4}8\cancel{4}7} = \frac{4}{7} \qquad \frac{5\cancel{4}5\cancel{4}5}{65\cancel{4}5\cancel{4}} = \frac{5}{6} \qquad \frac{\cancel{4}2\cancel{4}24}{7\cancel{4}2\cancel{4}2} = \frac{4}{7}$$

$$\frac{3\cancel{2}4\cancel{3}}{4\cancel{3}2\cancel{4}} = \frac{3}{4} \qquad \frac{6\cancel{4}8\cancel{6}}{8\cancel{6}4\cancel{8}} = \frac{6}{8} = \frac{3}{4}$$

$$\frac{1\cancel{4}71\cancel{4}}{71\cancel{4}68} = \frac{14}{68} = \frac{7}{34} \qquad \frac{87\cancel{8}0\cancel{4}8}{9\cancel{8}7\cancel{8}0\cancel{4}} = \frac{8}{9}$$

$$\frac{1\cancel{4}2857\cancel{1}}{\cancel{4}285713} = \frac{1}{3} \qquad \frac{2857\cancel{1}4\cancel{2}}{857\cancel{1}42\cancel{6}} = \frac{2}{6} = \frac{1}{3} \qquad \frac{3461538}{4615384} = \frac{3}{4}$$

$$\frac{7\cancel{6}71\cancel{2}3287}{87\cancel{6}71\cancel{2}328} = \frac{7}{8} \qquad \frac{3\cancel{2}4\cancel{3}2\cancel{4}3\cancel{2}43}{4\cancel{3}2\cancel{4}3\cancel{2}4\cancel{3}24} = \frac{3}{4}$$

$$\frac{1\cancel{0}25641}{4\cancel{1}02564} = \frac{1}{4} \qquad \frac{3\cancel{2}4\cancel{3}243}{4\cancel{3}2\cancel{4}324} = \frac{3}{4} \qquad \frac{4571428}{5714285} = \frac{4}{5}$$

$$\frac{4\cancel{8}4\cancel{8}484}{8\cancel{4}8\cancel{4}847} = \frac{4}{7} \qquad \frac{5952380}{9523808} = \frac{5}{8} \qquad \frac{4285714}{6428571} = \frac{4}{6} = \frac{2}{3}$$

$$\frac{5\cancel{4}5\cancel{4}545}{65\cancel{4}5\cancel{4}54} = \frac{5}{6} \qquad \frac{6923076}{9230768} = \frac{6}{8} = \frac{3}{4} \qquad \frac{4242424}{7424242} = \frac{4}{7}$$

$$\frac{5384615}{7538461} = \frac{5}{7} \qquad \frac{2051282}{8205128} = \frac{2}{8} = \frac{1}{4} \qquad \frac{3116883}{8311688} = \frac{3}{8}$$

$$\frac{6486486}{8648648} = \frac{6}{8} = \frac{3}{4} \qquad \frac{484848484}{848484847} = \frac{4}{7}$$

本节内容为将初等代数应用于研究某种代数情况提供了一种能激发学习积极性的方式。这是"字面等式"的一种很好的应用。

2.10 不寻常的数9

我们现今所使用的印度—阿拉伯数字首次在西欧出现,是在1202年比萨的列奥纳多(也被称为斐波那契)所著的《计算之书》之中,学生们肯定会对此极感兴趣。这位商人在整个中东地区走南闯北,他在此书的第一章中写道:

这些是印度人的九个数字:9、8、7、6、5、4、3、2、1。利用这九个数字,再加上阿拉伯语中称为"zephirum"的符号0,就可以写出任何数字,下文将会展示这一点。

由于有了这本书,这些数字的使用首次在欧洲引起了公众的注意。此前欧洲人使用的是罗马数字。它们当然要繁琐得多。花一点时间去让学生们思考,如果他们只能使用罗马数字,要怎样去进行计算。

斐波那契对伊斯兰世界中所使用的那些算术运算十分着迷,因此他在这本书中首次引入了"去九法"①,作为一种算术检验方法。即使是现在,这种方法仍然有用武之地。无论如何,它再一次在平淡无奇的算术中展示了一种隐藏的魔力。

在讨论这种算术检验方法之前,我们先来比较一下一个数除以9所得的余数,以及从该数的各位数字和中减去多个9这两种情况。让我们求出8768除以9所得的余数。此时商是974,余数为2。

这个余数也可以通过"去九法"来得到。从8768这个数的各位数字之和中"去九":8+7+6+8=29;再次"去九":2+9=11;再来一次:1+1=2,这就是先前的那个余数。

考虑734×879=645 186这个乘积。我们可以通过除法来检验它,不过这过程多少会有点冗长。我们可以通过"去九法"来看看它是否正确。取这两个相乘的因子及其乘积,并将它们的各位数字相加,如果所得的和不是一位数,那就再将其各位数字相加。继续这一过程,直到得出一个一位数。

---

① "去九法"(casting out nines)的意思是从总和中去掉9的数倍,或者说从总和中减去特定数量的9。——原注

可参见《同余关系和整除法则》,冯承天,《上海中学数学》,2013年第3期,第23—25页。——译注

对 734：	7+3+4=14；	1+4=5
对 879：	8+7+9=24；	2+4=6
对 645 186：	6+4+5+1+8+6=30；	3+0=3

  由于 5×6=30,结果给出 3("去九"：3+0=3),这与乘积"去九"所得的结果相同,因此结果可能是正确的。

  在实践时,让学生们为以下乘法也做一次"去九法"检验：

$$56\ 589×983\ 678 = 55\ 665\ 354\ 342$$

对 56 589：	5+6+5+8+9=33；	3+3=6
对 983 678：	9+8+3+6+7+8=41；	4+1=5
对 55 665 354 342：	5+5+6+6+5+3+5+4+3+4+2=48； 4+8=12； 1+2=3

  下面检验得到正确乘积的可能性：6×5=30,3+0=3,这与乘积各位数字"去九"所得的结果 3 相符。

  同样的做法也可以用来检验求和(或求商)正确的可能性,只要将求和(或求商)涉及的各数"去九",取"余数"的和(或商),再将它与和(或商)的余数相比。如果答案是正确的,那么它们就应该是相等的。

  9 这个数具有另一个不寻常的特征,让我们能够使用一种令人惊奇的相乘算法。尽管这种算法多少有点复杂,不过领会它的运算过程仍然很吸引人,你也许还可以设法确定它的运算原理。这个算法的目的是将一个两位或更多位的数与 9 相乘。

  最好与你的学生们一起用具体例子来讨论这个算法：让他们考虑将 76 354 乘以 9。

第一步	用 10 减去被乘数个位上的数字	10-4=**6**
第二步	用 9 减去剩下各位数的每一个(从十位上的数开始),并将其结果与被乘数的前一位数相加(对于任何两位数的和,就将这个十位上的数进位到下一个和上去)	9-5=4,4+4=**8** 9-3=6,6+5=11,**1** 9-6=3,3+3=6,6+1=**7** 9-7=2,2+6=**8**
第三步	将被乘数的最左边一位数减去 1	7-1=**6**
第四步	将这些结果以反序列出,即得到要求的乘积	**687 186**

尽管这个过程有点繁琐,特别是与使用计算器相比,但是这种算法提供了对数论的某种深入理解。不过最重要的是,它很有趣!

2.11 连续百分比

关于百分比的那些题目长久以来一直是大多数学生的宿敌。当同一道题目中需要处理多个百分比时,问题就变得尤为令人不快。本节内容可以将这个曾经的宿敌转变为一种令人欣喜的简单算法,该算法为我们提供了大量有益的应用。这种鲜为人知的算法会令你的学生们着迷。我们首先考虑以下这道题目:

丽莎想要买一件外套,但却面临着一个两难问题。两家彼此相邻、相互竞争的商店以相同标价出售同一品牌的外套,不过它们采用的是两种不同的打折方式。A店全年都对其所有货品减价10%,即打九折,不过在特定的这一天,它在已经打过折的价格基础上再额外减价20%。B店为了保持竞争力,在那一天直接减价30%。丽莎可以选择的这两个方案之间相差多少百分点?

乍看之下,学生们会认为不存在价格差异,因为10+20=30,两种情况给出了相同的折扣。聪明的学生会看出这是不正确的。因为在A店中,减价10%是在原标价基础上计算的,而减价20%则是在较低的价格基础上计算的。而在B店中,整个30%都是在原标价基础上减去的。现在,要回答的问题是,A店和B店的折扣之间相差多少百分点。

预期的解答步骤是,让学生假设这件外套的标价是100元,在A店中减价10%后得到的价格是90元,在这个90元的价格上再额外减价20%(即减去18元),就会将价格降到72元。在B店中,对100元减价30%,会将价格降到70元,于是得到的折扣差异是2元,在此例中就是2%。这个步骤虽然既正确又不太难,但是它有点繁琐,也并不总是能让我们完整、深入地了解情况。

为了娱乐,以及对这一问题提供有启发性的见解,下面给出一种有趣的、不同寻常的解题步骤①。

① 为了不分散对解题的注意力,我们只提供这种解题步骤,而不对其正确性给出证明。不过,对于此步骤的更深入讨论,读者可参考波萨门蒂和斯特佩尔曼合著的《教授中学数学:技巧和强化单元》第六版,第272—274页。——原注

这里有一种机械方法,用来获得一个单一的百分比折扣(或增长),使其等价于两个(或更多个)连续的折扣(或增长)。

1. 将每个有关的百分比都改写成小数形式:0.20 和 0.10。

2. 用 1.00 减去每一个小数得到:0.80 和 0.90(对于增长的情况,则用 1.00 加上它们)。

3. 将这些差相乘:0.80×0.90=0.72。

4. 用 1.00 减去这个数(即 0.72):1.00−0.72=0.28,这就表示组合折扣。

(对于增长的情况,第 3 步所得的结果大于 1.00,将其减去 1.00,就得到增长的百分比。)

当我们将 0.28 转换回百分比形式时,我们就得到 28%,即连续减价 20% 和 10% 的等价折扣。

这个 28% 的组合折扣与 30% 相差 2%。

利用这种解题步骤,还能够以同样的方法来组合两个以上的连续折扣。此外,连续的增长也可以纳入这种解题步骤,无论它是否与折扣组合在一起。方法是用 1.00 加上与增长百分比等价的小数,而折扣则是用 1.00 来减去它,然后以这种方式继续下去。如果最终的结果大于 1.00,那么就表示总体是增长的,而不是像上述题目中求得的那样是打折扣的。

这种解题步骤不仅让一种典型的繁琐情况一体化了,而且还对总体情况提供了某种深入理解。例如这个问题:"对上题中的购买者来说,比较有利的做法是先接受减价 20%,再接受减价 10%;还是反过来,先接受减价 10%,再接受减价 20%?"这个问题的答案并非一目了然。不过,既然刚才介绍的这种解题步骤显示这个问题涉及的计算只不过是相乘而已,而乘法是一种可交换的运算,因此我们立即发现这两者之间毫无差别。

如此看来,你在这里获得了一种令人欣喜的算法,可以用来组合连续的折扣或增长,或者这两者的组合。这种算法不仅有用,还会令你的学生们(很可能还有你的同事们)着迷。

2.12 平均值平均吗

首先让学生们解释什么是"棒球的平均击球成功率"。大多数人,尤其是在试图解释这个概念之后,都会开始意识到,这并不是他们通常定义"平均"(即算术平均)的那种意义上的平均值。你最好去搜索一下本地报纸的体育版,找到两位目前具有相同平均击球成功率的棒球运动员,但他们分别是以不同的击球数达到他们各自的平均击球成功率的。下面我们来看一个假设的例子。

考虑两位运动员戴维和丽莎,他们各自的平均击球成功率都是0.667。戴维是在30次出场击球中击中20次而获得他的平均击球成功率的,而丽莎则是在3次出场击球中击中2次而获得她的平均击球成功率的。

接下去的一天,他们俩的表现相当,都在2次出场击球中击中1次(0.5的平均击球成功率)。你也许会猜测,在这一天结束时,他们仍然具有相同的平均击球成功率。计算他们各自的平均击球成功率:现在戴维在30+2=32次出场击球中击中20+1=21次,平均击球成功率为$\frac{21}{32}$=0.656。现在丽莎在3+2=5次出场击球中击中2+1=3次,平均击球成功率为$\frac{3}{5}$=0.600。吃惊吧!他们的平均击球成功率并不相等。

假设我们考虑接下去的一天,丽莎的表现比戴维更好。丽莎在3次出场击球中击中2次,而戴维在3次出场击球中击中1次。我们现在再次分别计算他们的平均击球成功率:戴维在32+3=35次出场击球中击中21+1=22次,平均击球成功率为$\frac{22}{35}$=0.629。丽莎在5+3=8次出场击球中击中3+2=5次,平均击球成功率为$\frac{5}{8}$=0.625。

令人诧异的是,尽管丽莎在那一天表现优异,但她的平均击球成功率却从开始时与戴维相等变成了现在比戴维低。

从"平均"这个词的"误用"中,可以学到许多东西,不过更重要的是,学生们会对要平均的各项取不同权重这个概念获得一定的理解。

2.13 72法则

尽管近来学校课程对于复利问题的关注比过去下降了,但还是存在一种奇妙且有效的小方案,不过要证明它会多少有点令人困惑。它被称为"72法则",也许仍然会引发你对于复利公式的兴趣。

粗略地讲,72法则所陈述的内容是:**如果以$r\%$的年复利投资一笔钱,那么这笔钱的数值会在$\frac{72}{r}$年后翻倍**。举例来说,如果我们以8%的年复利投资一笔钱,那么这笔钱的数值会在$\frac{72}{8}$=9年后翻倍。类似地,如果我们把钱以6%的年复利存在银行里,那么这笔钱的数值翻倍要花12年时间。

感兴趣的教师也许会想要更好地理解为什么会这样,以及这种算法的实际精确度如何。下面的讨论将作出解释。

要探究这种算法为什么会成立,或者是否真的成立,我们需要考虑复利公式:

$$A=P\left(1+\frac{r}{100}\right)^{n}$$

其中A是最终得到的总钱数,而P则是以$r\%$的年利率投资n个计息周期的本金。我们需要研究当$A=2P$时发生了什么。

此时由以上公式得出

$$2=\left(1+\frac{r}{100}\right)^{n} \qquad (1)$$

由此得到的结果是

$$n=\frac{\ln 2}{\ln\left(1+\frac{r}{100}\right)} \qquad (2)$$

让我们在一台科学计算器的帮助下,列出一张以上等式所得数值的表格:

r	n	nr
1	69.660 716 89	69.660 716 89
3	23.449 772 25	70.349 316 75
5	14.206 699 08	71.033 495 41
7	10.244 768 35	71.713 378 46
9	8.043 231 727	72.389 085 54
11	6.641 884 618	73.060 730 80
13	5.671 417 169	73.728 423 19
15	4.959 484 455	74.392 266 82

让数学之美带给你灵感与启发

数学奇观

如果我们取这些 nr 值的算术平均值(通常意义上的平均值),那么我们得到的是 72.040 923 14,这相当接近于 72,因此我们的 72 法则看来是对于以 $r\%$ 的年利率投资 n 个计息周期后金额翻倍的一种非常接近的估算。

如果一位教师热衷探索,或者带着一个数学非常强的班级,那么他也许会尝试制定一条法则来计算金额翻三倍和翻四倍的情况,这类似于我们处理金额翻倍的方式。对于翻 k 倍的情况,以上的等式(2)就会变为

$$n = \frac{\ln k}{\ln\left(1 + \dfrac{r}{100}\right)}$$

对于 $r=8$ 的情况,由该式就得出 $n=29.918\ 840\ 22(\ln k)$。

因此,$nr=239.350\ 721\ 8\ \ln k$,这在 $k=3$(翻三倍)的情况下就得出 $nr=114.199\ 316\ 7$。于是我们可以说,对于金额翻三番的情况,我们可以有一个"114 法则"。

无论对这个论题探究得有多深,重要的是,这一广为人知的 72 法则既可以成为引发学生兴趣的一种很好的方法,同时又能为他们提供一种有用的工具。

2.14 求出平方根

为什么会有人想不用计算器而算出一个数的平方根呢?当然,没有人会做这样的事情,除非是一位老师在试图演示一个数的平方根实际上表示什么。根据平方根的意义,通过一种手工方式来求出它,从而引入平方根这一概念,会让这个概念更加容易理解。教学经验表明,经过这种讨论之后,学生们对于一个数的平方根表示什么的理解程度会比先前提高许多。一开始你就应该强调,你绝不是暗示他们要用这种方法来取代计算器。

英国数学家拉弗森(Joseph Raphson 或 Ralphson)首先于1690年在他的《通用方程分析》(*Analysis Alquationum Universalis*)一书中发表了这种方法,他将这种方法归功于牛顿,因此这种方法带有他们两人的名字,称为牛顿—拉弗森方法。

将这种方法应用于一个特例,也许是讲述它的最好方式:假设我们要求出 $\sqrt{27}$ 。显然,你可以用计算器来计算。不过,你也可以让学生们猜测一下这个值可能是多少,来引入这个课题。这个值无疑是在 $\sqrt{25}$ 和 $\sqrt{36}$ 之间,或者说在 5 和 6 之间,不过比较接近于 5。

假设我们猜测是 5.2。如果这是正确的平方根,那么当我们用 27 除以 5.2,我们就会得到 5.2。不过这里的情况并非如此,因为 $\sqrt{27} \neq 5.2$。

我们要寻找一个更加接近的近似值。为此,我们求出 $\frac{27}{5.2} \approx 5.192$。由于 $27 \approx 5.2 \times 5.192$,因此这两个因子之一(此例中是 5.2)必定大于 $\sqrt{27}$,而另一个因子(此例中是 5.192)则必定小于 $\sqrt{27}$ 。因此,$\sqrt{27}$ 就夹在 5.2 和 5.192 这两个数之间,即

$$5.192 < \sqrt{27} < 5.2$$

由此可以合情合理地推断,它们的平均值(5.196)比 5.2 或 5.192 都更加接近 $\sqrt{27}$ 。

将这个方法继续下去,每次都额外增加一位小数,这样就让我们一步步得出一个更加接近的近似值。过程是 $\frac{5.192+5.196}{2} = 5.194$,然后

$\dfrac{27}{5.194}$ =5.198 31。这个持续的过程使我们能够深入理解怎样求一个非完全平方数的平方根。

　　尽管这种方法可能非常繁琐，但是它无疑为我们提供了一种深入理解平方根表示的意义的方式。

第3章 解决方法出人意料的题目

数学教学中最经得起时间考验的,也许就是解题任务了。解题常常被简单地视为做教科书里的那些练习。这是对解题概念的一个非常狭隘的认识。有许多策略可以被有意识地用于解题,不过解题这件事最令人着迷的地方在于,有人向你介绍一道简单易懂的题目,但其解答却并非显而易见。此外,有时解答要经过一些冗长乏味的工作后才能得到。这并不总是十分值得做。最能激起兴趣的是,一道简单易理解的题目,其最终展示的解决方法却是最不寻常的,而且还是出人意料的。这些"意外发现"能引发学生们的兴奋和激动。

本章所提供的正是此类题目。其中一些最终会成为你的宠儿(你甚至会向你的密友们展示,好让他们对你的聪明才智留下深刻印象),还会让你的学生们"瞠目结舌"。这里介绍的每一道题目,都有一个值得强调的特定信息或策略。即使学生们已被解决方法的巧妙之处完全吸引(或者不知所措)了,也请将它们明确指出来。

你必须专注于解答题目。开始做吧。提出题目,让学生们努力一番,然后用本章所提供的解答来启发他们。学生们对这些非同寻常的解答类型产生的反应,肯定会让你乐在其中。请记住,不要让他们认为自己永远也想不出一个聪明的解答而灰心丧气。只要告诉他们,解题的方法之一就是回忆以前解答过的一些题目,并再次尝试这些策略。

3.1　考虑周全的推理

学生们在面对一道题目时,常常会采用一些相当原始的思维方式。有些时候,训练有素的学生会有意识地回想一些以前解答过的类似题目,来看看以前的经历是否能给目前这道题目带来一些解题思路。当他们采用原始方法(可以称为"粗野的方法")时,不太可能得到解答,而且即使有一个解答浮现出来了,所花费的时间也会大大超过一个巧妙方法(可以称为"富有想象力的方法")得出解答所需要的时间,而这种巧妙解答可能是经过考虑周全的推理得到的。

接下来正是这样一个例子。你的学生们都会喜欢它的,因为此题会揭示他们所采用的那些方法中的弱点,并为以后纠正它们开启大门。另外,这道题目本身也很有趣!

如图3-1,假设有一个国际象棋棋盘和32张骨牌,每张骨牌的大小恰好等于棋盘上的两个方格,当主对角线两端的两个方格被移除后,你能用其中的31张骨牌来覆盖这个棋盘吗?

图 3-1

以上问题一提出,学生们马上就会开始忙于尝试各种各样的排列方式来覆盖这些方格。这可以用一些实物方块来做,也可以在纸上画一张网格图,然后每次给相邻的两个方格画上阴影。用不了多久,沮丧就开始蔓延,因为似乎没人有成功的希望。

这里的关键是要回到问题本身。首先,这个问题并不是要让你覆盖这些方格,它问的是这件事能不能做到。不过,由于我们所接受的训练方式,这个问题常常被误读并理解成"完成这件事"。灵机一动会帮助解决问题。问你自己这样一个问题:"当1张骨牌被放在棋盘上时,它覆盖的是什么样的方格?"放在棋盘上的每张骨牌必定都会覆盖一个黑色方格和一个白色方格。那么在这个被移除两个方格后的棋盘上,黑色方格和白色方格数量相等吗?不!黑色方格比白色方格少两格。因此,用31张骨牌去覆盖这个缺两格的棋盘,这是不可能做到的。

　　提出一些正确的问题,并检查这些问题,这是在数学上取得成功的重要方向。本节内容在一个非常简单,然而又非常深奥的层次上,展示了数学思维之美。

3.2　出人意料的解答

　　这里有一道非常简单的题目,而它的解答甚至更加简单。不过大多数学生想出的解答却都要复杂得多。为什么?因为他们是用心理上的传统方式来看待这道题目的。在你提出这道题目(完全不要告知它有一个出人意料的解答)之后,让学生们用任何他们想用的方法来解答它。不要试图强迫他们去寻找一种巧妙的解答。

　　你自己也来尝试一下这道题目(不要看下文的解答),看看你是否会归入到"大多数解题者"这个群体。

　　在一次篮球单淘汰锦标赛(一次失利,该队就被淘汰)中,有25支队伍参赛。要产生唯一的锦标赛冠军,必须进行多少场比赛?

　　通常情况下,大多数解题者会开始模拟这次锦标赛,方法是在参赛队伍中取两组各12支队伍,进行第一轮比赛,并由此淘汰掉12支队伍(此时已进行了12场比赛)。剩下的13支队伍再次进行比赛,比如说由其中6支队伍对抗另外6支队伍,让这次锦标赛还剩下7支队伍(此时已进行了18场比赛)。在下一轮中,可以从剩下的7支队伍中淘汰掉3支队伍(至此已进行了21场比赛)。剩下的4支队伍再次进行比赛,剩下2支队伍进入冠军争夺赛(此时已进行了23场比赛)。这场冠军争夺赛是第24场比赛。

　　有一种简单得多的方法来解答这道题目,而大多数人并不能自然而然地看出来。那就是只关注那些战败的队伍,而不像我们在上文所做的那样去关注获胜的那些队伍。我们向学生们提出下面这个关键问题:"为了产生唯一一支获胜队伍,这次锦标赛中必须要有多少支失利队伍?"答案很简单:24支失利队伍。要产生24支失利队伍,必须进行多少场比赛?当然是24场。因此这就是你的答案,非常简单就得到了。

　　这时大多数人都会自问:"为什么我就没想到呢?"答案就在于,这与我们所接受的训练类型和阅历是相反的。让年轻人意识到可以从一个不同的视角来看待题目的这种策略,有时候会让他们获益匪浅,本例中的情况就是这样。我们永远也不知道哪种方法会奏效,尝试一种来看看效果就好!

3.3　一道关于果汁的题目

当学生们面对一道题目的挑战时,如果这道题目的阅读量太大,他们常常就会把它撂在一边,因为他们担心太过专注于这道题目会很累,而且很扫兴。尽管下面这道题目确实有一定的阅读量,不过要向班里的学生们解释这道题目却相当容易,甚至还可以把它表演出来。一旦经过了陈述题目的阶段,就会非常容易理解,不过要用平常的那些方法来解答它却十分困难。

这道题目的妙处就在这里。它的解答如此出人意料,几乎让题目本身变得微不足道。也就是说,这道题目及其平常解答方法不会让学生们产生热烈反响,不过在他们努力尝试解答以后,我们这里介绍的这种新颖方法会让你在班级中大获青睐。

那么,让我们来看一下这道题目:

我们有两个1加仑①的瓶子。其中一个装有1夸脱葡萄汁,而另一个则装有1夸脱苹果汁。我们舀出1汤匙葡萄汁,并将它倒入苹果汁瓶子。然后我们舀出1汤匙这种新的混合果汁(苹果汁加葡萄汁),并将它倒入葡萄汁瓶子。是苹果汁瓶子里的葡萄汁比较多,还是葡萄汁瓶子里的苹果汁比较多?

要解答这道题目,我们既可以采用任何一种平常的方法(通常是指解"混合溶液问题"的方法),也可以采用某种更聪明的逻辑推理,按照以下方式来看待这道题目。

第一次"搬运"果汁时,汤匙中只有葡萄汁。第二次"搬运"果汁时,汤匙中的苹果汁与"苹果汁瓶子"里的葡萄汁一样多。这可能会需要学生们稍作思考,不过大多数人应该很快就会"弄懂"。

使用极端情况是最简单易懂的解答方法,事实证明它也是一种非常强大的策略。事实上,当我们在日常生活中说:"在最糟的情况下,会发生如此这般的事情……"时,采用的就是这种推理方式。

现在让我们将这一策略应用到上面这道题目中。为此,我们考虑将原

---

① 1加仑=4夸脱,1夸脱=64汤匙。——译注

先1汤匙的量改得稍大些。显而易见,这道题目的结果与搬运的果汁量无关。因此我们会使用一个极端大的量。我们令这个量等于整整1夸脱。也就是说,按照题目陈述中所给的那些指示,我们会舀出全部的量(1夸脱葡萄汁),并将它倒入苹果汁瓶子。此时这种混合果汁是50%的苹果汁和50%的葡萄汁。然后我们将1夸脱这种混合果汁倒回葡萄汁瓶子里。此时两个瓶子里的混合果汁是一样的。因此,苹果汁瓶子里的葡萄汁和葡萄汁瓶子里的苹果汁一样多!

我们也可以考虑另一种形式的极端情况,即搬运果汁的汤匙里的果汁量为零。在这种情况下,立即就可以得出结论:苹果汁瓶子里的葡萄汁和葡萄汁瓶子里的苹果汁一样多,都是一点都没有!

仔细地讲解这一解答,会对学生们今后处理数学问题的方式,甚至对他们如何分析日常决策问题都产生很大的影响。

3.4   倒过来做

在许多情况下,直截了当的手段显然不是解答一道题目的最佳方式。学生们难得见到通过倒过来做才能得到最佳解答的题目。一个相关的例子是,要求学生按照演绎方法证明一条定理。恰当的方法是,从要求证明的事情开始,倒过来做(分析),然后再按照正序整理写出(综合),进行表述。这会让学生们必须学习的那些几何证明做起来更加容易。遗憾的是,我们并不经常向学生们展示这种方法。

反序推理在日常生活中也同在数学中一样有用。例如,如果你想要看一场晚上8:30开始的电影,而且你知道自己在到达电影院之前还有几件事情要做,那么你最好以晚上8:30为起点,倒过来进行推算,以确定何时开始准备前往电影院。你可以计算出路上要花费30分钟,晚餐要花费1小时,穿衣打扮要花费15分钟,还有完成你要参加的一项任务需要花费45分钟。这就意味着你要在下午6点钟就开始准备。

在数学的许多例子中,倒过来做是一种真正有效的方法,会引导你找到一种巧妙的解答。这种方法的最佳例子之一,是一道可能有点"偏离正道"的题目,不过代数功底扎实的学生肯定是能应付的。

如果两个数之和为2,且这两个数之积为3,求这两个数的倒数之和。

对这道题目,学生们通常的反应是建立起方程组来表达出这些文字所描述的情形。大多数学生很可能会得到

$$x+y=2 \quad 和 \quad xy=3$$

要解这组联立方程,通常的做法是由第一个方程求出 y 的表达式,得到 $y=2-x$,然后将这个表示 y 的值代入第二个方程。这样做当然会得出正确的解答,不过在你费力验算的时候,你会逐渐意识到,这必定是"粗野的方法",而不是"富有想象力的方法"。当你最终求出 x 和 y 时,你会发现这是两个复数,然后你还必须求出其倒数,并将它们相加。

倒过来做是一个更聪明的选择,需要你提出这样一个问题:"我们最终要得到什么解答?"既然要求的是倒数之和,那么我们最终必定要得到 $\frac{1}{x}+\frac{1}{y}$。本着这样的精神继续思考下去,你必然会问:"这可以从哪里得

到?"可能性之一就是这两个分数之和，即 $\dfrac{x+y}{xy}$。此时，聪明的学生也许已经意识到，这道题目的解答已经赫然呈现在我们眼前了。请回忆一下最初的那两个方程 $x+y=2$ 和 $xy=3$。它们实质上就给了我们分子的值 2 和分母的值 3。因此原题的答案就是 $\dfrac{2}{3}$。

请务必恰当地夸张一下倒过来做所节约的时间和精力。这个例子达到的效果不会差。

3.5　逻辑思维

当一道初看起来让人有点望而生畏的题目被提出来,随后又展示了它的一种很容易理解的解答时,我们常常会疑惑为什么自己就没有想到这种简单的解答呢?正是这些题目,会对学习者产生惊人的影响。这里就有一道这样的题目。你可以尝试与你的学生们一起实际体验一下题中所描述的情形。

在芭芭拉的地下室的架子上,有三个盒子。其中一个只装有5分硬币,一个只装有1角硬币,还有一个则混装着5分硬币和1角硬币。盒子上的三张标签"5分硬币"、"1角硬币"和"混合"掉落了,然后又全被贴错了。不打开盒子看,只是从其中一个贴有错误标签的盒子里取出一枚硬币,芭芭拉就给三个盒子全都贴上了正确的标签。芭芭拉应该从哪个盒子里选择这枚硬币?

A. 贴有"5分硬币"标签的盒子

B. 贴有"1角硬币"标签的盒子

C. 贴有"混合"标签的盒子

学生们也许会这样推理:这道题目的情况所具有的"对称性"表明,无论我们对于贴有错误标签"5分硬币"的那个盒子作出什么推断,对于贴有错误标签"一角硬币"的那个盒子也完全可以作出一样的推断。因此,如果芭芭拉从这两个盒子中选择任何一个,结果都会是相同的。这就排除了选项A和选项B。于是他们就应该集中精力研究,从贴有错误标签"混合"的那个盒子C里选择的话会发生什么事。

假设芭芭拉从这个"混合"盒子里取出的是一枚5分硬币。既然这个盒子的标签是错误的,那么它就不可能是"混合"盒子,因而实际上必定是5分硬币盒子。既然标明"1角硬币"的那个盒子实际上不可能装有1角硬币,那么它必定是混合盒子。那么余下的第三个盒子必定是一角硬币盒子。

向你的学生们强调这里所使用的逻辑推理的重要性。为了更好地理解这一论证,也许你可以让他们简要地重述一下。

3.6 你该如何组织数据

这里有一道题目，它要求学生们有一点点代数能力（非常基础的代数能力）。在提出这道题目时，其中的对称性使它看起来简单得让人消除戒备，不过请稍等。

这道题目如下：

求出以下表达式的数值：

$$\left(1-\frac{1}{4}\right)\left(1-\frac{1}{9}\right)\left(1-\frac{1}{16}\right)\left(1-\frac{1}{25}\right)\cdots\left(1-\frac{1}{225}\right)$$

当一个学生面对这道题目时，他通常所做的最初尝试是简化这14对括号里的表达式，于是得到：

$$\left(\frac{3}{4}\right)\left(\frac{8}{9}\right)\left(\frac{15}{16}\right)\left(\frac{24}{25}\right)\cdots\left(\frac{224}{225}\right)$$

学生们的典型做法是，设法将每个分数都（借助计算器）改写成小数，然后再将这些结果（还是借助计算器）相乘。这显然是一个非常繁琐的计算过程。

另外还有一种方法是将这些数据以不同的方式组织起来。这会让学生们能够从一个不同的角度来看待这道题目，希望从中看出某种模式，从而能让他们简化计算。

$$\left(1^2-\frac{1}{2^2}\right)\left(1^2-\frac{1}{3^2}\right)\left(1^2-\frac{1}{4^2}\right)\left(1^2-\frac{1}{5^2}\right)\cdots\left(1^2-\frac{1}{15^2}\right)$$

现在他们可以把每对括号里的表达式按照两个完全平方数之差进行分解，于是得到

$$\left(1-\frac{1}{2}\right)\left(1+\frac{1}{2}\right)\left(1-\frac{1}{3}\right)\left(1+\frac{1}{3}\right)\left(1-\frac{1}{4}\right)\left(1+\frac{1}{4}\right)\left(1-\frac{1}{5}\right)\left(1+\frac{1}{5}\right)\cdots$$
$$\left(1-\frac{1}{15}\right)\left(1+\frac{1}{15}\right)$$

现在让学生们在每对括号中做减法或加法运算，于是得到

$$\left(\frac{1}{2}\right)\left(\frac{3}{2}\right)\left(\frac{2}{3}\right)\left(\frac{4}{3}\right)\left(\frac{3}{4}\right)\left(\frac{5}{4}\right)\left(\frac{4}{5}\right)\left(\frac{6}{5}\right)\cdots\left(\frac{13}{14}\right)\left(\frac{15}{14}\right)\left(\frac{14}{15}\right)\left(\frac{16}{15}\right)$$

现在有一种模式呈现出来了，他们可以对整个表达式进行"相消"。其结果就是

$$\left(\frac{1}{2}\right)\left(\frac{16}{15}\right)=\frac{8}{15}$$

这道看起来"很难对付"的题目,解答起来却如此容易,学生们很可能会欣赏这一点。

3.7 专注于正确信息

当我们面对一道具有各种零碎信息的题目时,解题的窍门就是专注于必要的信息,不要分心。也许最好利用下面这道题目来说明这一点。

爱丽丝为了充分享用一个16盎司①瓶子里的橙汁,决定采用以下过程:

第1天,她会只喝掉1盎司橙汁,然后用水灌满瓶子。

第2天,她会喝掉2盎司这种混合汁,然后再用水灌满瓶子。

第3天,她会喝掉3盎司这种混合汁,然后再用水灌满瓶子。

随后的那些天,她会将这个过程继续下去,直到第16天喝光16盎司混合汁而使瓶子变空为止。爱丽丝总共会喝掉多少盎司水?

对于像这样的一道题目,学生很容易会陷入困境。许多学生都会开始制作一张表格,列出每一天瓶子里的橙汁量和水量,并试图计算出在任意给定的一天,爱丽丝喝的每种液体所占的比例。我们从另一种观点出发来考查这道题目,就可以比较容易地解答它了,这种观点就是:"爱丽丝每天向混合汁中加入多少水?"不要因为橙汁的量而陷入困境,这只不过是这道题目中用来扰乱你的注意力的。既然她(在第16天)最终把瓶子里的液体喝空,而一开始瓶子里是没有水的,那么她必定喝完了灌入瓶子里的所有水。因此,我们只要计算出爱丽丝每次加进去的水量就可以了。

第1天,爱丽丝加入1盎司水。

第2天,她加入2盎司水。

第3天,她加入3盎司水。

第15天,她加入15盎司水。(你应该问问你的学生们,为什么第16天没有加水。)

因此,爱丽丝喝掉的水量是

$$1+2+3+4+5+6+7+8+9+10+11+12+13+14+15=120(盎司)$$

尽管这种解答方法确实是正确的,不过我们还可以考虑一道稍简单些的类似题目,那就是求出爱丽丝总共喝掉多少液体,然后只要扣除橙

---

① 1盎司=28.350克,16盎司=1磅。——译注

汁的量,即16盎司,就行了。于是有

1+2+3+4+5+6+7+8+9+10+11+12+13+14+15+16−16=120（盎司）

爱丽丝喝掉了136盎司液体,其中16盎司是橙汁,而其余的120盎司就必定是水。

3.8　鸽巢原理

著名的解题技巧之一是考虑鸽巢原理(尽管它在教学大纲中常常被忽略)。用最简单的形式来表述,鸽巢原理就是:如果你要将$k+1$只鸽子放入k个鸽巢,那么其中至少有一个鸽巢里有两只或者更多只鸽子。

下面举一个用鸽巢原理解题的例证。向你的学生们提出这道题目,看看他们会如何解答。

学校总务处有50个教师信箱。有一天,邮递员给教师们送来了151封信件。在所有信件都分发完毕后,有一个信箱中的信件比其他任何信箱中的都要多。这个信箱中最少可能有多少封信件?

对于这类题目,学生们倾向于漫无目的地"摸索",他们通常都不知道该从哪里入手。有些时候,猜测加试验的方法可能会奏效。不过,对于一道这种类型的题目,明智的做法是考虑各种极端情况。当然,一位教师收到所有信件也是有可能的,不过这种情况不一定会发生。

为了最好地评估这种情况,我们会考虑极端例子,即这些信件是尽可能平均地分发的。这会让每位教师都收到3封信件,只有一位教师除外,这位教师必定会收到第151封信件。因此,收到最多信件的那个信箱中,信件的最少数量为4。

根据鸽巢原理,共有50包3封一包的信件被分发到50个信箱。第151封信件必须要放入这50个信箱中的一个。你的学生们也许会想要利用鸽巢原理来试试其他一些题目。

3.9　大黄蜂的飞行

解题不仅是解答眼前的那道题目,它还能用于呈现各种题目类型,更甚者是,呈现各种各样的解题过程。正是通过这些解答的类型,学生们才能真正学会解题,因为在着手对付一道需要解答的题目时,最有用的技巧之一就是问自己:"我曾经遇到过这样的题目吗?"考虑到这一点,我们在这里提出一道非常有用、有"教益"的题目。理解这道题目需要阅读较多的信息,不要让你的学生因此望而却步。他们会因题目的解答如此出乎意料地简单而兴高采烈的。

有两列火车运行于芝加哥与纽约之间的铁路线上,两地间的距离为800英里,它们同时出发(沿着同一条轨道)相向而行。一列火车以每小时60英里的速率匀速行驶,另一列火车以每小时40英里的速率匀速行驶。与此同时,有一只大黄蜂从其中一列火车的车头开始,以每小时80英里的速率向着迎面而来的火车飞去。在碰到第二列火车的车头后,这只大黄蜂调转方向,(还是以同样的每小时80英里的速率)飞向第一列火车。这只大黄蜂继续着这种往返飞行,直到两列火车相撞,它被碾碎了。这只大黄蜂在它死亡之前飞行了多少英里?

学生们会很自然地想要去求出这只大黄蜂飞行的各段距离。许多学生的第一反应是要根据"速率×时间=距离"这一关系建立起一个方程。不过,这种往返的路径很难确定,需要大量的计算。仅仅产生这样做的念头就会让学生们灰心丧气。不要让这种灰心情绪蔓延。即使他们能够确定这只大黄蜂飞行过程中的每段距离,要用这种方式来解答这道题目仍然非常困难。

有一种巧妙得多的解决方法,就是解答一道较为简单的类似题目(也可以说,我们是从一个不同的视角来看待这道题目)。我们设法求出这只大黄蜂的飞行距离。如果我们知道这只大黄蜂的飞行时间,那么我们就能够确定这只大黄蜂的飞行距离,因为我们已经知道它的速率。再一次让学生们认识到,如果在"速率×时间=距离"这个等式中有两个量已知,那么就能得出第三个量。因此,只要有了时间和速率,就能得到大黄蜂在各个不同方向飞行的总距离。

　　这只大黄蜂的飞行时间很容易就能计算出来,因为在这两列火车相向行驶(直到它们相撞)的这段时间里,它一直在飞行。为了确定这两列火车的行驶时间t,我们以如下方式建立方程。第一列火车行驶的距离是$60t$,第二列火车行驶的距离是$40t$。这两列火车行驶的总距离是800英里。因此,$60t+40t=800$,从而得$t=8$(时),而这也是大黄蜂的飞行时间。我们现在可以利用速率×时间=距离这一关系来求出大黄蜂的飞行距离,得到$80×8=640$(英里)。

　　学生们总是试图直接求出题目中要求的东西,向他们强调如何避免落入这样的陷阱很重要。有些时候,比较迂回的方法会有效得多。从这个问题的解答中,能够学到很多东西。必须向你的学生们强调这一点。要知道,那些带给人深刻印象的解答往往会比传统的解答更加有用,因为它们为学生们提供了一个"跳出框架来思考"的机会。

3.10 关联的同心圆

这道题目用到的解答方式比题目本身更重要。稍后我们将更详细地探讨(以免破坏学生们期待中的惊喜)。

请考虑以下题目：

如图3-2所示，两个同心圆之间相距10个单位。这两个圆的周长之差是多少？

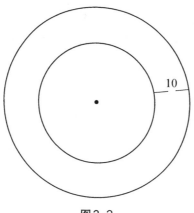

图3-2

要解答这道题目，传统的、直截了当的方法是求出这两个圆的直径，再求出每个圆的周长，然后求出它们之间的差值。因为题目中并没有给出它们的直径长度，所以这道题目就比通常见到的要复杂一点。如图3-3，设 d 为较小圆的直径，则 $d+20$ 就是较大圆的直径。于是，这两个圆的周长就分别是 πd 和 $\pi(d+20)$。它们的差就是 $\pi(d+20)-\pi d=20\pi$。

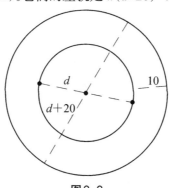

图3-3

一种更加巧妙，并且令人印象深刻得多的方法，是利用极端情况来解题。为此，我们令两个圆中较小的那个变得越来越小，直至达到"极端小"而变成一个"点"。在这种情况下，它就会变成较大圆的圆心。此时，两个圆之间的距离就恰好变成了较大圆的半径。一开始两个圆的周长之差，现在就变成了恰好是较大圆的周长[①]，或者说就是20π。

尽管这两种方法都给出了同样的答案，但是请注意计算两个圆的周长之差的传统解法要多做多少计算，以及我们如何利用考虑(不失一般性的)极端情形的想法将这道题目简化成一个浅显的问题。于是，在我们处理一道题目的过程中，数学之美清楚地显示了出来。显然，这一点需要向学生们强调。

---

① 因为大圆的周长减去小圆的周长(此时为0)，就等于大圆的周长。——原注

3.11 不要忽视显而易见的事情

这里有一道非常有趣味的题目,当它的解答过程被揭晓时,我们常常会对自己产生失望感。

学过勾股定理的学生肯定可以解答这道题目。事实上,掌握勾股定理常常会阻碍我们得到一种巧妙的解答。让学生们考虑以下题目:

如图3-4,点P是圆心为O的圆上的任意一点。从点P向两根相互垂直的直径AB和CD分别作垂线,与它们分别相交于点F和点E。如果这个圆的直径为8,那么EF的长度是多少?

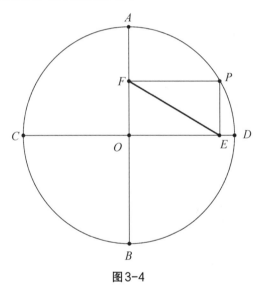

图3-4

因为我们给学生的那些训练,他们最有可能想到的是利用勾股定理,然后发现并没有什么"简洁"的方法可以使用它。暂时从这道题目退后一步,用一种全新的方式看待它,你会发现这样一个事实:四边形$PFOE$是一个矩形(题目给出了它的三个直角)。一个矩形的两条对角线是相等的,因此FE必定等于PO,而后者就是这个圆的半径,它就等于直径的一半,或者说是4。

还有另一种考虑这道题目的方法,就是将P的位置取在一个更加方便的点,比如说取在A点。在这种情况下,FE就会与AO重合,而后者就是这个圆的半径。

　　无论是以上两种解答中的哪一种，都会让学生感到无比意外。这道题目不仅很有趣味，对于将来的应用也是一个很好的例证。

3.12　看似困难(或容易)

这里有一道看起来十分简单的题目,其实它并不容易。它让整个高中数学部的老师都感到困惑不已!不过一旦揭示了解答方法,它就变得相当简单了。结果就是,你会因为没有一下子看出解答而感到沮丧。下面就是这道题。在不看第二幅图的情况下先尝试做一下。因为第二幅图会泄露解答方法。你可以让学生们在家里尝试做这道题目,这样他们就有充裕的时间去仔细思考如何解答。

如图 **3-5** 所示,点 *E* 位于 *AB* 上,点 *C* 位于 *FG* 上。平行四边形 *ABCD* 的面积为 **20** 平方单位。试求平行四边形 *EFGD* 的面积。

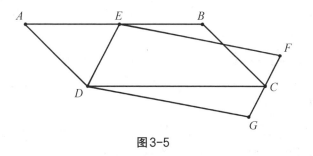

图3-5

尽管这个解答并不是许多学生一下子就能想到的,不过只需要利用高中几何课程中能找到的一些工具,就能很容易地解出这道题目。首先如图 **3-6** 所示画出辅助线 *EC*。

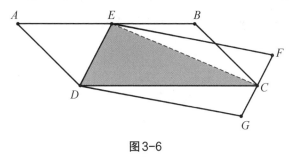

图3-6

因为△*EDC* 和平行四边形 *ABCD* 具有同一条底边(*DC*)和这条底边上的同样的高(从 *E* 到 *DC* 的垂线长),所以△*EDC* 的面积等于平行四边形 *ABCD* 的面积的一半。

同样,因为△EDC和平行四边形EFGD具有同一条底边(ED)和这条底边上的同样的高(从C到ED的垂线长),所以△EDC的面积等于平行四边形EFGD的面积的一半。

现在,因为平行四边形ABCD的面积和平行四边形EFGD的面积都等于△EDC的面积的两倍,所以这两个平行四边形的面积必定相等。于是,平行四边形EFGD的面积就等于20平方单位。

尽管我们刚才所展示的这种解答方式并不常用,不过它既有效又高效。

此外,通过解答一道比较简单的(不失一般性的)类似题目,也可以相当巧妙地解答出这道题目。请回忆一下,题目中给出的原始条件是,这两个平行四边形必须具有一个相同顶点(D),而且一个平行四边形的一个顶点必须在另一个平行四边形的一条边上,如图3-5所示的点E和点C。现在,让我们假设点C与点G重合,而且点E与点A重合。这满足原题中给出的条件,并使得这两个平行四边形重合。因此,平行四边形EFGD的面积为20平方单位。

我们也可以把这最后一种解答看作是利用极端情况的一例。也就是说,我们可以考虑将点E放在AB的一个端点上,比如说在点A处。同样,我们可以将点C放在点G处,这满足原题中给出的所有条件。于是这道题目就变得浅显了,因为这两个平行四边形是重合的。这一点是解题中比较容易被忽略的技巧之一。现在应该要强调这一技巧了。

还记得你一开始感觉这道题目有多困难吗?

3.13 考虑最糟情况

用极端情况来进行推理,对于解答某些题目而言是一种特别有用的策略。这也可以看作是一种"最糟情况"的策略。理解这种思路的最佳方式就是通过实例。所以让我们来开始欣赏一些确实很不错的推理策略吧。

在一个抽屉里有8只蓝袜子、6只绿袜子和12只黑袜子。亨利在不看的情况下从这个抽屉里取袜子,他至少要取出几只袜子,才能确保得到两只颜色一样的袜子?

"……确保……两只颜色一样的袜子"这个描述是该题的关键所在。题目没有明确指定要哪种颜色,因此这三种颜色中的任意一种都是可以的。为了解答这道题目,让你的学生们从一种"最糟情况"开始推理。亨利取出1只蓝袜子、1只绿袜子,然后又取出1只黑袜子。此时他每种颜色的袜子各有1只,却没有相配的一双。(确实,他有可能在头两次就取出一双颜色相同的袜子,不过这道题目要求"确保"。)请注意,一旦他取出第4只袜子,他就必定会有一双颜色相同的袜子了。

考虑第二道题目:

在一个抽屉里有8只蓝袜子、6只绿袜子和12只黑袜子。伊芙琳在不看的情况下从这个抽屉里取袜子。她至少要取出几只袜子,才能确保得到两只黑袜子?

虽然这道题目看起来与前一道很相似,但是其中有一个重要的不同之处。在这道题目中,明确指定了一种特定的颜色。于是,我们就必须保证取出一双黑袜子。让我们再来用一次演绎推理,并构造出一种"最糟情况"。假设伊芙琳先取出了所有的(8只)蓝袜子。随后她又取出了所有的(6只)绿袜子。至此,仍然没有1只黑袜子被取出。现在她总共有14只袜子,但是其中没有1只是黑色的。不过,她接下去取出来的2只袜子必定是黑色的,因为这是唯一剩下的颜色。要确保得到2只黑袜子,伊芙琳至少必须取出8+6+2=16(只)袜子。让学生们创设一些类似的题目,并给出解答。

第4章　代数娱乐

　　将代数想象成一种娱乐形式并非易事。学生们常常将代数看作是一系列要遵循的规则——一种必须要学会的数学语言。好吧,在本章中会用代数来对一些数学现象稍作解释,例如数的某些特性。我们会探究各种简洁算法,解释一些不同寻常的数的关系,还会开发出数学中的一些美丽模式。所有这一切构成了使用代数的一种相当新鲜的方式,而通常代数都是以单调乏味的练习形式出现,这些练习还常常让学生们觉得并不特别有用。在学校里,代数常常被用来解答那些常规题目。在这里,我们用代数来探索数学的其他一些分支。例如,"勾股数"那一节就让大家深入了解了这些广为流传的三元数组。

　　向你的学生们展示,如何能够用代数来为各种数学关系作出新的诠释,并提供更深层次的理解。在展现这些代数过程之美的同时,本章内容会让他们乐在其中。

4.1 用代数来构建简洁算法

假设你需要计算 36^2-35^2。利用计算器来算会相当简单。不过假设你手头没有计算器。问问你的学生们,他们该怎样用一种简单方法来得到答案。

我们可以应用平方差公式 $x^2-y^2=(x-y)(x+y)$ 来分解因式,得到

$$36^2-35^2=(36-35)(36+35)=1\times71=71$$

看到用常见的因式分解将这道乘法题简化成了一种浅显的形式,你的学生们一定会惊叹不已。

分配率总是很有用,比如说对于 8×67。用 (70-3) 来代替 67,我们就可以将这个乘法写成 8×(70-3)=8×70-8×3=560-24=536。

或者要做 36×14,我们可以将它改写成 36×(10+4)=36×10+36×4=360+144=504。在没有计算器的情况下,用这种方法来做乘法很有效率。

两个相差 4 的数相乘也可以进行简便运算,方法是先将它们化为一般形式(即采用代数方法)。

这两个数可以写成 $(x+2)$ 和 $(x-2)$。它们的差是 4。它们的乘积是 $(x+2)(x-2)=x^2-4$。于是,我们需要求出这两个数的平均值 x,然后求它的平方,再减去 4。

例如,要用这种方法来计算 67×71,我们先求出它们的平均值 69。然后将 69 平方得到 4761,再减去 4 得到 4757。用这种方法来做乘法也许并不总是更加简单,但是这会让学生们觉得他们知道的代数中,有些还是"有用"的。

两个连续数的相乘可以利用 $x(x+1)=x^2+x$ 这一特性。于是有 23×24=23^2+23=529+23=552,这为通常的相乘算法提供了另一种全新的思路。我们必须再一次强调,这不是用来代替计算器的——学生们显然也不会接受这样做。

到此时,学生们也许产生了积极性,要去发现或建立他们自己的简洁算法。这应该是为了娱乐而做的——并不是要取代计算器!

4.2　神秘的数22

一开始,本节内容会让你的学生们着迷(经过你的恰当描述),随后又会让他们想知道为什么结果会是这样。这是一个向你的学生们展示代数有用的绝妙机会,因为正是通过代数,才会满足他们的好奇心。

让学生们根据以下口头指令独立进行计算:

请选择任意一个各位数字互不相同的三位数。写出由这个选定数的三位数字可能构成的所有两位数。然后将这些两位数之和除以原先那个三位数的各位数字之和。

学生们应该全都得到相同的答案,22。结果应该会让全班同学喊出一大片的"哇!"

例如,考虑三位数365。取这三位数字可能构成的所有两位数之和:36+35+63+53+65+56=308。原先那个三位数的各位数字之和是3+6+5=14。于是得到 $\frac{308}{14}$=22。

要分析这个不同寻常的结果,我们可以从三位数的一般表达式开始:$100x+10y+z$。

我们现在取这三位数字构成的所有两位数之和:

$$(10x+y)+(10y+x)+(10x+z)+(10z+x)+(10y+z)+(10z+y)$$
$$=10(2x+2y+2z)+(2x+2y+2z)$$
$$=11(2x+2y+2z)$$
$$=22(x+y+z)$$

将它除以$100x+10y+z$的各位数字之和$(x+y+z)$,就得到22。

这些例证显示了代数在解释那些简单算术现象中的价值。

4.3 证明一种奇异现象的合理性

这里有一种可以用若干不同方式来呈现的有趣活动。任课老师应该从中选出最适合的方式。其证明过程利用的是简单的代数,但有趣的是它呈现出的奇异性。让你的学生们考虑以下这种非同寻常的关系。

任意以9结尾的两位数都可以表示为其各位数字之积加上其各位数字之和。

可更加简单地叙述为:

任意以9结尾的两位数 = [其各位数字之积]+[其各位数字之和]

代数的真正优势之一在于,利用它能够方便地证明许多数学应用的合理性。为什么一个以9结尾的数能够以下列形式表示出来?

$$9 = (0 \times 9) + (0 + 9)$$
$$19 = (1 \times 9) + (1 + 9)$$
$$29 = (2 \times 9) + (2 + 9)$$
$$39 = (3 \times 9) + (3 + 9)$$
$$49 = (4 \times 9) + (4 + 9)$$
$$59 = (5 \times 9) + (5 + 9)$$
$$69 = (6 \times 9) + (6 + 9)$$
$$79 = (7 \times 9) + (7 + 9)$$
$$89 = (8 \times 9) + (8 + 9)$$
$$99 = (9 \times 9) + (9 + 9)$$

这种简洁的计算模式肯定会激发学生们的兴趣。你必须注意不要让这种模式终止于自身,而是要让它成为我们通往最终目标的一种手段,就是要去思考这样为什么可行。

让我们用代数来理清上文中通过例子建立起来的这种非常奇怪的结果。向你的学生们指出,我们可以利用代数来帮助理解这件数学奇事。

我们通常都会将一个两位数表示为$10t+u$,其中t表示十位上的数字,u表示个位上的数字。于是其各位数字之和就等于$t+u$,而其各位数字之积就等于tu。

满足以上各条件的数

$$10t + u = tu + (t + u)$$

$$10t = tu + t$$

$$9t = tu$$

$$u = 9 \quad (其中 t \neq 0^{①})$$

以上讨论应该会让学生们对两位以上的那些数产生好奇心。例如：

$$109 = (10 \times 9) + (10 + 9)$$

$$119 = (11 \times 9) + (11 + 9)$$

$$129 = (12 \times 9) + (12 + 9)$$

这里将9左边的两位数字当作一个数来考虑，并且对它们的处理方式等同于我们上文对于十位上数字的处理。其结果是相同的。

这一规则可以拓展到任何位数，只要个位上是9。

----

① 在这个例子中，该规则在 $t=0$ 的情况下也成立。——原注

4.4　将代数用于数论

不同寻常的数的模式和关系有许多种。有些(至今仍然)无法证明,例如著名的哥德巴赫猜想[1],其内容是:每个大于2的偶数,都可以表示成两个素数之和。哥德巴赫还断言:每个大于5的奇数,都可以表示成三个素数之和。

让学生们用计算器来体验一下,并独立发现以下猜想:

1加上任意三个连续奇数的平方和总是能被12整除。

这个猜想的美妙之处和教学意义,表现在证明这个命题的过程十分简单。首先,用一种方式来表示一个奇数和一个偶数。对于任意整数n,$2n$总是偶数,而$2n+1$则总是奇数。

我们首先设$2n+1$为我们所考虑的这三个连续奇数的中间数。于是$(2n+1)-2=2n-1$就是较小的相邻奇数,而$(2n+1)+2=2n+3$就是较大的相邻奇数。现在我们准备将试图证明的关系表示出来。

$$(2n-1)^2+(2n+1)^2+(2n+3)^2+1 = 12n^2+12n+12$$
$$= 12(n^2+n+1) = 12M$$

其中M表示某个整数[2]。

于是我们可以得出结论:这个平方和加1总是能被12整除。这应该仅仅是通往数论中其他类似代数探究的一块跳板。

---

① 以哥德巴赫(Christian Goldbach,1690—1764)的姓氏命名,在1742年写给著名数学家欧拉(Leonhard Euler)的一封信中传达出来。——原注
哥德巴赫猜想在提出后的很长一段时间内毫无进展,直到1920年代开始取得一系列突破。目前最好结果是中国数学家陈景润(1933—1996)在1973年发表的陈氏定理。——译注

② 既然n是一个整数,那么n^2也是一个整数,因此n^2+n+1这个和也必定是一个整数。现将这个整数表示成M。——原注

4.5　在形数中找到模式

我们应该能回忆起,形数就是如图4-1所示的能够用排列成多边形形状的点数来表示的那些数。由这些数可以产生许多令人惊奇的关系。我们在这里只介绍其中的几种关系,希望你的学生们会想要进一步探究,从而能够发现"属于他们自己的"一些关系。

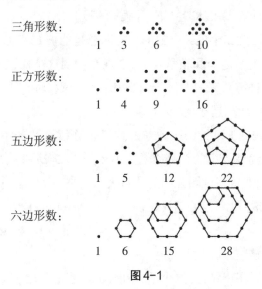

图4-1

考虑以下表格:

	三角形数	正方形数	五边形数	六边形数
1	1	1	1	1
2	3	4	5	6
3	6	9	12	15
4	10	16	22	28
5	15	25	35	45
6	21	36	51	66
7	28	49	70	91
8	36	64	92	120
9	45	81	117	153
10	55	100	145	190
11	66	121	176	231

	三角形数	正方形数	五边形数	六边形数
12	78	144	210	276
13	91	169	247	325
14	105	196	287	378
15	120	225	330	435
16	136	256	376	496
17	153	289	425	561
18	171	324	477	630
19	190	361	532	703
20	210	400	590	780
n	$\dfrac{n(n+1)}{2}$①	$\dfrac{n(2n-0)}{2}=n^2$	$\dfrac{n(3n-1)}{2}$	$\dfrac{n(4n-2)}{2}=n(2n-1)$

在第 n 行所建立起来的这种模式的基础上，让你的学生们确定七边形数、八边形数、十边形数等的通项公式是什么。

它们是

$$\frac{n(5n-3)}{2},\frac{n(6n-4)}{2},\frac{n(7n-5)}{2},\cdots$$

在第 1.17 节中，我们介绍过矩形数，它是两个连续自然数的乘积，以 $n(n+1)$ 的形式出现，即

$$1\times2 = 2$$
$$2\times3 = 6$$
$$3\times4 = 12$$
$$4\times5 = 20$$
$$5\times6 = 30$$
$$\vdots$$

现在你可以选择让学生们用代数方法证明，或者通过一些例子来使自己相信，以下这些关系实际上是成立的。请记住，只有一个通用的证明，才能说明它们对于一切情况都成立。

一个矩形数可以表示成从 2 开始的连续偶整数之和，例如：

---

① 这是由于 $\dfrac{n[n-(-1)]}{2}=\dfrac{n(n+1)}{2}$。——原注

$$2+4+6+8 = 20$$

一个矩形数是一个三角形数的两倍,例如:

$$15×2 = 30$$

两个连续平方数之和,再加上它们之间的矩形数的平方,结果是一个平方数[①],例如:

$$9+16+12^2 = 169 = 13^2$$

两个连续矩形数之和,再加上它们之间的平方数的两倍,结果是一个平方数,例如:

$$12+20+2×16 = 64 = 8^2$$

一个矩形数和接下去的一个平方数之和是一个三角形数,例如:

$$20+25 = 45$$

一个平方数和接下去的一个矩形数之和是一个三角形数,例如:

$$25+30 = 55$$

一个数和这个数的平方之和是一个矩形数,例如:

$$9+81 = 90$$

这里有几个可以让你的学生们尝试建立的关系。他们可能会设法用某些特例来让自己相信它们是成立的,然后再用代数方法去证明。

- 每一个奇平方数都等于一个三角形数的8倍再加上1。
- 每一个五边形数都等于三个三角形数之和。
- 六边形数等于奇数项的三角形数。

应该鼓励学生们去找到其他一些模式,然后再用代数方法证明它们是成立的。

---

① 这是一种微妙的关系,因此在这里给出它的证明。将这个命题用代数方式表示成 $n^2+(n+1)^2+[n(n+1)]^2$。展开并合并同类项,就给出了

$$n^2+n^2+2n+1+(n^2+n)^2 = 2n^2+2n+1+n^4+2n^3+n^2$$
$$= n^4+2n^3+3n^2+2n+1 = (n^2+n+1)^2$$

显然,我们得到了一个平方数! ——原注

4.6　用一种模式来求一列数之和

大多数学生在面对求一列数的和时,都会一头扎进题目里,用他们学过的无论什么方法来将这一列数相加。如果这样做看起来没什么希望,那么许多人就会开始把一项项加起来。非常粗野的方式!

让我们来考虑一个适合用几种不同的巧妙方案来处理的情况。考虑以下这道求一列数之和的题目:

$$\frac{1}{1\times 2}+\frac{1}{2\times 3}+\frac{1}{3\times 4}+\cdots+\frac{1}{49\times 50}$$

有一种入手方法是观察其中是否有什么明显的模式。

$$\frac{1}{1\times 2}=\frac{1}{2}$$

$$\frac{1}{1\times 2}+\frac{1}{2\times 3}=\frac{2}{3}$$

$$\frac{1}{1\times 2}+\frac{1}{2\times 3}+\frac{1}{3\times 4}=\frac{3}{4}$$

$$\frac{1}{1\times 2}+\frac{1}{2\times 3}+\frac{1}{3\times 4}+\frac{1}{4\times 5}=\frac{4}{5}$$

从这种模式中,我们猜测出以下模式:

$$\frac{1}{1\times 2}+\frac{1}{2\times 3}+\frac{1}{3\times 4}+\frac{1}{4\times 5}+\cdots+\frac{1}{49\times 50}=\frac{49}{50}$$

通过将这一列数中的每个分数都用以下方式表示成一个差,可以得到这一列数的另一种模式:

$$\frac{1}{1\times 2}=\frac{1}{1}-\frac{1}{2}$$

$$\frac{1}{2\times 3}=\frac{1}{2}-\frac{1}{3}$$

$$\frac{1}{3\times 4}=\frac{1}{3}-\frac{1}{4}$$

$$\vdots$$

$$\frac{1}{49\times 50}=\frac{1}{49}-\frac{1}{50}$$

将这些等式相加,其左边就是我们孜孜以求的那个和,而右边的几乎所有分数都互相抵消了,只剩下 $\frac{1}{1}-\frac{1}{50}=\frac{49}{50}$。

这些有效模式的惊奇例证会让你的学生们发出感叹:"哦,我自己永远都做不到。"不过这种反应并不令人满意,因为他们可以"熟能生巧"!

4.7　几何观点下的代数

有些时候,代数基础知识以一种几何观点来看也是"有意义"的,这可以让这些知识变得更明确。更重要的是,从几何角度来证明那些代数恒等式,会非常有趣。在你展示了其中的若干例子之后,学生们也会想要亲自去尝试发现一些。

可以利用面积来将一个代数恒等式的概念以几何观点进行证明,例如恒等式 $(a+b)^2=a^2+2ab+b^2$。

首先,让学生们画出一个边长为 $(a+b)$ 的正方形。然后,将这个正方形划分成几个不同的正方形和矩形,如图4-2所示。各条边的边长都对应地标在图中。

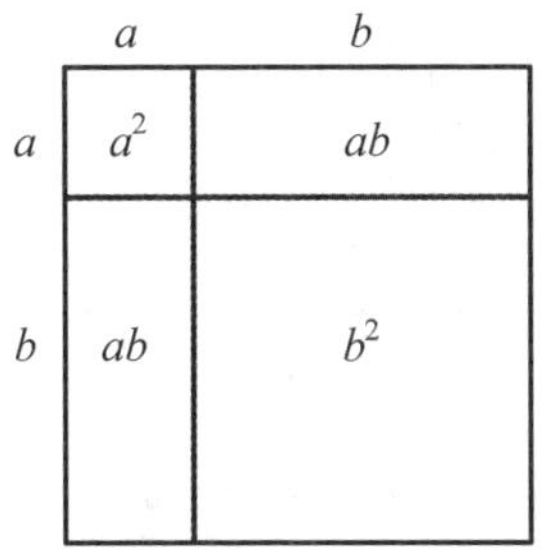

图4-2

学生们可以很容易地确定每个区域的面积。由于大正方形的面积等于它所分成的4个四边形面积之和,学生们可以得到

$$(a+b)^2 = a^2+ab+ab+b^2 = a^2+2ab+b^2$$

在欧几里得的《几何原本》第11卷的命题4中,可以找到一种更加严谨的证明。

接下来,用几何观点来证明恒等式 $a(b+c)=ab+ac$。首先,让学生们画出一个两边长分别为 a 和 $(b+c)$ 的矩形。然后,将这个矩形划分成两个较小的矩形,如图4-3所示。各条边的边长也都已标明。

学生们可以很容易地确定每个区域的面积。他们会发现,由于大矩形的面积等于它所分成的2个四边形面积之和,这张图就证明了 $a(b+c)=ab+ac$。

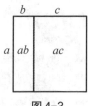
图4-3

让学生们考虑恒等式$(a+b)(c+d)=ac+ad+bc+bd$。

引导学生们画出边长为$(a+b)$和$(c+d)$的矩形。将这个矩形划分成几个较小的矩形,如图4-4所示。各区域的边长和面积都已标明。与其他几个例子一样,大矩形的面积等于它所分成的4个四边形面积之和。

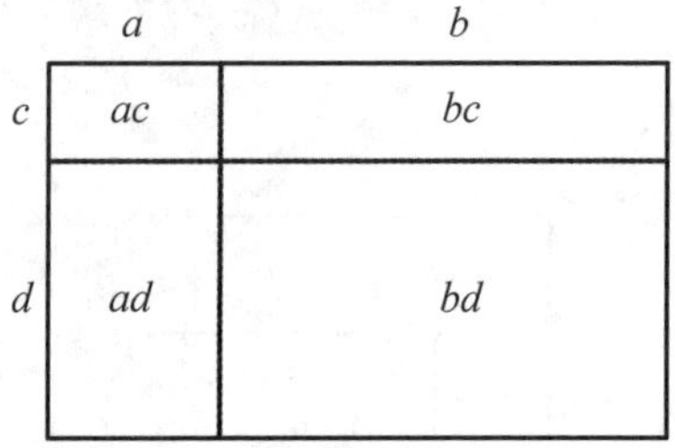

	a	b
c	ac	bc
d	ad	bd

图4-4

这张图就证明了恒等式$(a+b)(c+d)=ac+ad+bc+bd$。

向学生们说明,大多数代数恒等式都可以用这种面积法来证明。其中的困难在于他们如何选择四边形的尺度及划分方式。

在学生们对用面积法来表示代数恒等式运用自如以后,让他们考虑勾股关系$a^2+b^2=c^2$。尽管这并不是一个恒等式,但是面积法仍然适用。让学生们画一个边长为$(a+b)$的正方形。向学生们演示如何将这个正方形划分成4个全等三角形和1个正方形,如图4-5所示。各条边的边长都已标明。

这张图说明:

1. 正方形$DEFG$的面积 = 4($\triangle GNM$的面积)+正方形$KLMN$的面积。

2. 因此,$(a+b)^2=4\times\frac{1}{2}ab+c^2$。

3. 如果我们代入上文中已证明的关于$(a+b)^2$的那个恒等式,我们就得到$a^2+2ab+b^2=2ab+c^2$。

于是显然有$a^2+b^2=c^2$,而这当然就是勾股定理。

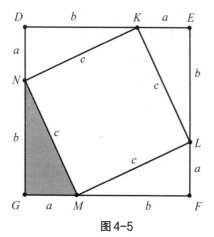

图 4-5

4.8　黄金分割的代数应用

当我们谈论数学之美时,常常会想到那个最美丽的矩形。这个矩形常常被称为黄金矩形,心理学家们已经证明它是从美学角度上看最令人愉悦的矩形。我们会在第5.11节中探讨它。现在我们以代数观点来考虑这种黄金分割。

首先让学生们回忆一下黄金分割:

$$\frac{1-x}{x} = \frac{x}{1}$$

这给出了

$$x^2+x-1=0, \text{在} x \text{取正根时有} x=\frac{\sqrt{5}-1}{2} \text{。}$$

我们设

$$\frac{\sqrt{5}-1}{2} = \frac{1}{\phi}$$

不仅有 $\phi \times \frac{1}{\phi} =1$(这是显而易见的),而且有 $\phi-\frac{1}{\phi} =1$。

这是唯一令以上关系成立的正数[①]。

你的学生们也许会想要对此进行验证[②]。

顺便提一句,学生们也许想要知道φ的值是多少。借助于计算器,他

[①] 虽然 $\frac{1}{\phi}=\frac{1-\sqrt{5}}{2}$ 也满足 $\phi-\frac{1}{\phi}=1$,但此时φ<0,不符合黄金分割的定义($x>0$)。——译注

[②] 下面我们来证明这一点。

由于

$$\frac{1}{\phi} = \frac{\sqrt{5}-1}{2}$$

于是有

$$\phi = \frac{2}{\sqrt{5}-1} \times \frac{\sqrt{5}+1}{\sqrt{5}+1} = \frac{\sqrt{5}+1}{2}$$

及

$$\phi-\frac{1}{\phi} = \frac{\sqrt{5}+1}{2} - \frac{\sqrt{5}-1}{2} = 1 \quad \text{——原注}$$

们很容易得出：

$\phi = 1.6180339887498948482045868343656381177203091780576...$

及

$\dfrac{1}{\phi} = 0.6180339887498948482045868343656381177203091780576...$

ϕ 还有许多其他有趣的特征。在给学生们一些恰当的提示后，你可以引导他们去发现几种。他们也许想要证明以下这个无穷连分数的值就是 ϕ。

$$\phi = 1 + \cfrac{1}{1 + \cfrac{1}{1 + \cfrac{1}{1 + \cfrac{1}{1 + \cfrac{1}{1 + \cfrac{1}{1 + \cfrac{1}{1 + \cfrac{1}{1 + \cdots}}}}}}}}$$

为此，学生们应该意识到，等式右边分数中的全部分母正好就是 ϕ，因此有：

$$\phi = 1 + \frac{1}{\phi}$$

而这恰好给出了黄金分割。

另一种奇异的关系是

$$\phi = \sqrt{1 + \sqrt{1 + \sqrt{1 + \sqrt{1 + \sqrt{1 + \sqrt{1 + \sqrt{1 + \sqrt{1 + \cdots}}}}}}}}$$

这两种关系中的每一种都很容易验证，而且可以用一种相似的技巧来完成。我们在这里证明第二种关系，将第一种关系留给你的学生们。

$$x = \sqrt{1 + \sqrt{1 + \sqrt{1 + \sqrt{1 + \sqrt{1 + \sqrt{1 + \sqrt{1 + \sqrt{1 + \cdots}}}}}}}}$$

$$x^2 = 1 + \sqrt{1 + \sqrt{1 + \sqrt{1 + \sqrt{1 + \sqrt{1 + \sqrt{1 + \sqrt{1 + \cdots}}}}}}}$$

$$x^2 = 1 + x$$

根据ϕ的定义,有$x=\phi$。

当我们求ϕ的幂时,观察得出的结果会非常吸引人。

$$\phi^2 = \left(\frac{\sqrt{5}+1}{2}\right)^2 = \frac{\sqrt{5}+3}{2} = \frac{\sqrt{5}+1}{2}+1 = \phi+1$$

$$\phi^3 = \phi \cdot \phi^2 = \phi(\phi+1) = \phi^2+\phi$$
$$= (\phi+1)+\phi = 2\phi+1$$

$$\phi^4 = \phi^2 \cdot \phi^2 = (\phi+1)(\phi+1) = \phi^2+2\phi+1$$
$$= (\phi+1)+2\phi+1 = 3\phi+2$$

$$\phi^5 = \phi^3 \cdot \phi^2 = (2\phi+1)(\phi+1) = 2\phi^2+3\phi+1$$
$$= 2(\phi+1)+3\phi+1 = 5\phi+3$$

$$\phi^6 = \phi^3 \cdot \phi^3 = (2\phi+1)(2\phi+1) = 4\phi^2+4\phi+1$$
$$= 4(\phi+1)+4\phi+1 = 8\phi+5$$

$$\phi^7 = \phi^4 \cdot \phi^3 = (3\phi+2)(2\phi+1) = 6\phi^2+7\phi+2$$
$$= 6(\phi+1)+7\phi+2 = 13\phi+8$$

$$\vdots$$

一张汇总表揭示出在ϕ的各系数之间存在着一种模式:

$$\phi^2 = \phi+1$$
$$\phi^3 = 2\phi+1$$
$$\phi^4 = 3\phi+2$$
$$\phi^5 = 5\phi+3$$
$$\phi^6 = 8\phi+5$$
$$\phi^7 = 13\phi+8$$

这些系数构成了斐波那契数列(参见第1.18节)。

到这里,你的学生们很可能会想,与黄金分割有关的关系真是无穷无尽啊。事实上,他们是正确的!

4.9　代数有时没有用

有许多例子都能展示代数的威力。不过有些时候，一道题目用代数方法去解答并不具有优势。这种解题之道也许在学生们看来很奇怪，不过正如本节内容将向你展示的那样，这种观点确实是成立的。请考虑以下挑战：

求出乘积为 120 的四个连续整数。

给你的学生们一点时间去处理这个问题。大多数人很可能会写出一个代数方程来描述这种情况。它看起来会是这样：

$$x(x+1)(x+2)(x+3) = 120$$

去掉其中的这些括号，我们就得到一个一元四次方程。与其设法去解这个四次方程，不如用一种非代数的解答方法。只要应用明智的猜测，然后再检验一下，就能得到解答：2×3×4×5=120。学生们应该从这个例证中看到，尽管代数对于提出或者解释某些算术关系是非常有用的，不过它并不总是最佳手段。

4.10 分母有理化

尽管除以一个整数显然要比除以一个无理数容易,但学生们常常觉得分母有理化的练习只不过是一种练习,并无多大用途。自然,他们都学过一些需要这种技巧的应用,不过不知为何,这些应用通常都不能让学生们相信这种方法是有用的。这里有一些应用(尽管有点戏剧性),能够相当透彻地让人领悟到这种方法的可用性。

考虑以下数列,我们要求出它的和:

$$\frac{1}{\sqrt{1}+\sqrt{2}}+\frac{1}{\sqrt{2}+\sqrt{3}}+\frac{1}{\sqrt{3}+\sqrt{4}}$$

$$+\cdots+\frac{1}{\sqrt{2001}+\sqrt{2002}}+\frac{1}{\sqrt{2002}+\sqrt{2003}}$$

学生们学到的知识中,如果一个分数的分母为无理数,那么他们就无能为力了,因此必须尽量将它改写成一个分母是有理数的等价分数。为此,他们知道要将这个分数乘以1,这样就不会改变它的值。不过这个1所呈现的形式应该是一个分数,其分子和分母都等于当前这个分母的共轭根式。

这个数列的通项公式可以写成 $\dfrac{1}{\sqrt{k}+\sqrt{k+1}}$。

现在我们要将这个分数的分母有理化,方法是将它乘以 $\dfrac{\sqrt{k}-\sqrt{k+1}}{\sqrt{k}-\sqrt{k+1}}$,从而得到

$$\frac{1}{\sqrt{k}+\sqrt{k+1}}\cdot\frac{\sqrt{k}-\sqrt{k+1}}{\sqrt{k}-\sqrt{k+1}}=\frac{\sqrt{k}-\sqrt{k+1}}{-1}$$

也就是说,我们得出

$$\frac{1}{\sqrt{k}+\sqrt{k+1}}=\sqrt{k+1}-\sqrt{k}$$

于是我们可以将这个数列改写成

$$(\sqrt{2}-\sqrt{1})+(\sqrt{3}-\sqrt{2})+(\sqrt{4}-\sqrt{3})$$

$$+\cdots+(\sqrt{2002}-\sqrt{2001})+(\sqrt{2003}-\sqrt{2002})$$

因此这就简单地变成了

$$\sqrt{2003} - 1 \approx 44.754\,888 - 1 = 43.754\,888$$

学生们可以很容易地看出,分母有理化并不只是漫无目的的练习。它是有用的,而我们在这里给出了一个最好的例证。

4.11 勾股数

在提到勾股定理的时候,我们立即就会想到这个著名的关系:$a^2+b^2=c^2$。于是在引入勾股定理的时候,教师常常会建议学生们识别出(或者记住)某些有序三元组,它们可以表示一个直角三角形的三条边长。这些由三个数构成的有序组被称为勾股数,其中包括(3,4,5)、(5,12,13)、(8,15,17)和(7,24,25)等。教师会要求学生们做选择题,从中发现这些勾股数。如果不使用猜测加检验的方法,我们如何能够生成更多的勾股数?这是学生们常常问到的问题,在这里会给出答案,并且在此过程中会展示一些真正美妙的数学现象,这些数学现象平时一般不会向学生们展示。这种疏忽令人遗憾,做教师的应该加以纠正。

请你的学生们填一个或两个数,使以下每一组数都构成勾股数:

1. (3,4,___)

2. (7,___,25)

3. (11,___,___)

前两组勾股数利用勾股定理就可以很容易确定下来。不过,这种方法对第三组勾股数不会奏效。此时,你的学生们会非常愿意学习一种新方法来求出这组不完整的勾股数。因此,只要恰当地激发听课学生的积极性,你就能组织一次"征途",去探究出一种建立勾股数的方法。

不过,在开始构建公式之前,我们必须考虑几条简单的"引理"(这是一些起"助手"作用的定理)。

引理1: 一个奇数的平方除以8,余数为1。

证明: 我们可以将奇数表示为$2k+1$,其中k是一个正整数。这个数的平方等于

$$(2k+1)^2 = 4k^2+4k+1 = 4k(k+1)+1$$

既然k和$k+1$是连续整数,那么其中必有一个是偶数。因此$4k(k+1)$必定能被8整除。于是,当$(2k+1)^2$除以8时,就会留下余数1。

然后直接可以得到下面这条引理。

引理2: 两个奇数的平方和除以8,余数为2。

引理3：两个奇数的平方和不可能是一个平方数。

证明：既然两个奇数的平方和除以8留下的余数是2，那么这个和是个偶数，但是它不能被4整除。因此，它不可能是一个平方数。

现在我们已准备好去开始建立勾股数公式了。让我们假设(a,b,c)是本原勾股数[①]。这就意味着a和b互素[②]。因此，它们不可能都是偶数。它们可能都是奇数吗？

如果a和b都是奇数，那么根据引理3可得$a^2+b^2 \neq c^2$。这与我们假设的(a,b,c)是勾股数矛盾，因此，a和b不可能都是奇数。于是，它们必定是一奇一偶。

让我们假设a是奇数、b是偶数。这就意味着c也是奇数。我们可以将$a^2+b^2=c^2$改写成

$$b^2 = c^2 - a^2$$
$$b^2 = (c+a)(c-a)$$

两个奇数的和、差都是偶数，因此可以设$c+a=2p$和$c-a=2q$（p和q都是正整数）。

解出a和c，我们就得到

$$c = p+q \quad 和 \quad a = p-q$$

现在我们可以证明p和q是互素的。假设p和q不是互素的，比如说$g>1$是它们的一个公因子。那么g就也是a和c的一个公因子。同样，g也是$c+a$和$c-a$的一个公因子。这就使得g^2是b^2的一个因子，这是因为$b^2=(c+a)\cdot(c-a)$。由此得到的结论是，g必定是b的一个因子。现在，g是b的一个因子，并且也是a和c的一个公因子，那么a、b就不是互素的。这与我们假设的(a,b,c)是本原勾股数矛盾。因此，p和q必定是互素的。

由于b是偶数，我们可以将b表示为$b=2r$。

而$b^2=(c+a)(c-a)$，

因此$b^2=(2p)(2q)=4r^2$　　或者　　$pq=r^2$。

如果两个互素的正整数（p和q）之积是一个正整数（r）的平方，那么这

代
数
娱
乐
第
4
章

127

两个数必定分别是一个正整数的平方。

因此，我们设$p=m^2$及$q=n^2$，其中m和n都是正整数。既然它们是两个互素的数（p和q）的因子，那么它们（m和n）也应该是互素的。

由$a=p-q$，$c=p+q$，可得$a=m^2-n^2$，$c=m^2+n^2$。

又由$b=2r$，$b^2=4r^2=4pq=4m^2n^2$，可得$b=2mn$。

总而言之，我们现在得到了生成勾股数的公式：

$$a=m^2-n^2 \qquad b=2mn \qquad c=m^2+n^2$$

m和n这两个数不可能都是偶数，因为它们是互素的。它们也不可能都是奇数，因为这会使$c=m^2+n^2$成为一个偶数，而我们先前已经证实这是不可能的。既然证明了它们必定是一奇一偶，那么$b=2mn$就必定能被4整除。因此，任何勾股数都不可能全部由三个素数构成。这并不意味着勾股数中除b以外的数不会是素数。

让我们暂时将这个过程反过来。考虑两个互素的数m和n（其中$m>n$），它们一奇一偶。

我们现在要证明，当$a=m^2-n^2$，$b=2mn$，$c=m^2+n^2$时，(a,b,c)是一组本原勾股数。用代数方法很容易验证$(m^2-n^2)^2+(2mn)^2=(m^2+n^2)^2$，这就证明了这是一组勾股数。还需要证明的是，$(a,b,c)$是一组本原勾股数。

假设a和b具有一个公因子$h>1$。既然a是奇数，那么h必定也是奇数。因为$a^2+b^2=c^2$，所以h也是c的一个因子。我们还可以得出h分别是m^2-n^2，m^2+n^2的一个因子，因此h也是它们的和$2m^2$及它们的差$2n^2$的一个因子。

既然h是奇数，那么它就是m^2和n^2的一个公因子。不过，m和n是互素的（其结果是m^2和n^2也互素）。因此，h不可能是m和n的一个公因子。这一矛盾的产生，说明a和b是互素的。

在最终确立了一种生成本原勾股数的方法之后，学生们应该会很急切地想要应用这种方法。下表列出了一些数值较小的本原勾股数。

对这张表格进行一次快速检查，可以看出某些本原勾股数(a,b,c)满足$c=b+1$。让学生们针对这些勾股数找出m和n之间的关系。

他们应该会注意到，对于这些勾股数，有$m=n+1$。想证明这一点对（不

勾股数

m	n	a	b	c
2	1	3	4	5
3	2	5	12	13
4	1	15	8	17
4	3	7	24	25
5	2	21	20	29
5	4	9	40	41
6	1	35	12	37
6	5	11	60	61
7	2	45	28	53
7	4	33	56	65
7	6	13	84	85

在这张表格里的)其他本原勾股数也成立,可以设$m=n+1$,并生成勾股数。

$$a = m^2-n^2 = (n+1)^2-n^2 = 2n+1$$

$$b = 2mn = 2n(n+1) = 2n^2+2n$$

$$c = m^2+n^2 = (n+1)^2+n^2 = 2n^2+2n+1$$

显而易见,$c=b+1$,而这正是我们要证明的!

你会很自然地向学生们提出下面这个问题:求出所有由连续正整数构成的本原勾股数。用一种与上文相似的方法,他们应该会发现,唯一满足这个条件的勾股数就是$(3,4,5)$。

学生们看完本节内容以后,他们对勾股数及初等数论的理解应该会大有提高。以下列出的是学生们也许还想要探究的其他一些内容。

1. 找到6组没有包括在这张表格里的勾股数。

2. 试证明:每组本原勾股数中,都有一个数能被3整除。

3. 试证明:每组本原勾股数中,都有一个数能被5整除。

4. 试证明:每组本原勾股数的各数之积都是60的倍数。

5. 求一组勾股数(a,b,c),满足$b^2=a+2$。

第5章　几何奇观

本章所占篇幅比其他各章都要大,因为几何的视觉效应会让学生们在各方面获得乐趣。本章大多数节的内容都适用于尚未学习几何课程的学生们。那些看起来似乎需要一定程度几何知识的节的内容,我们也可以用一种比较基础的方式来处理。一旦你熟悉了本章的讨论范围,你就会处在一个比较有利的地位,来为你的学生们挑选和修改适用的单元。

本章有好几节展示了几何中的不变量这一重要的概念。这就意味着,在某些情况下,甚至当一个图形的其他部分都在发生变化时,它的一些关键方面却仍保持不变。在几何画板这个程序的帮助下,这些不变量可以很好地在计算机上展示出来。例如,从一个三角形的外接圆上任意一点向其三边作垂线,则这三个垂足共线(西姆森定理)。这些点总是会在一条直线上。这个不变量只是本章所展示的好几个不变量之一。

对于勾股定理,存在几种非常有趣的证明,有一种是通过折纸,有一种格外简单,还有一种是由一位美国前总统做出来的。有些节中,会需要学生们开展一些活动,如沿着一个图形"移动"、折纸,以及解释某些非同寻常的特征/现象。

本章中有许多不同寻常的几何特征,它们全都展示了这一主题之美。你可以用尽可能有趣的方式来呈现这些素材。当然,这在很大程度上取决于你的个性,以及你对这里所提供的几何奇观的偏好。

5.1　三**角形的内角和**

学生们常常被"告知",一个三角形的内角(大小)之和为180°。这并不能确保让他们知道其中真正的意义,因而也就不会在他们的记忆中留下持久的印象。所有人都应该理解欧氏几何的这一基础。大多数人都知道,完成一次完整的旋转,就代表转了360°。这一度量值被广为接受和使用,没有什么神圣不可侵犯之处。

那么,三角形的内角和与此有什么关联呢?要证明这个内角和,最简单,也许也是最令人信服的方法,是从一个纸三角形上撕下3个顶角,然后把它们拼在一起构成一条直线。这条直线表示了一次完整旋转的一半,因此就是180°。

折叠可能是一个更加巧妙的方法。让学生们从一张纸上剪下一个适当大小的不等边三角形。然后让他们折叠其中一个顶角,使它触及对边,并且使折痕与这条对边平行(如图5.1)。

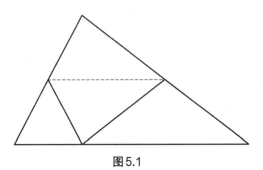

图5.1

然后让他们折叠剩下的两个顶角,与第一个顶角相交于一个公共点(如图5.2)。学生们会注意到,这个三角形的3个角共同构成了一条直线,因此就得到3个角之和为180°(如图5.3)。

不管怎样,说明一下为什么这个折叠过程会让这些顶角相交于这个三角形一边上的一个点,也是很有意义的。构建出这种现象就相当于证明了这个三角形内角和定理。

这条定理的证明直接来自于这个折纸练习。如图5.4,通过将上顶角沿着一条平行折痕折叠下来(即 *DE*∥*BC*),就有 *AF*⊥*ED* 于点 *M*。既然 *MF*=

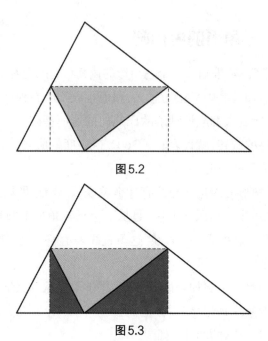

图 5.2

图 5.3

AM，或者说 M 是 AF 的中点，那么 D 和 E 也分别是 AB 和 AC 的中点，因为如果一条直线平行于一个三角形（$\triangle BAF$ 或 $\triangle CAF$）的一条边、并且平分其第二条边（AF），那么该直线也平分其第三条边。然后就很容易证明，因为 $AD=DF$、$DB=DF$，并且类似地还有 $EF=EC$，所以将顶角 B 和 C 折叠过来就会相交于点 F，从而沿 BFC 构成一条直线。

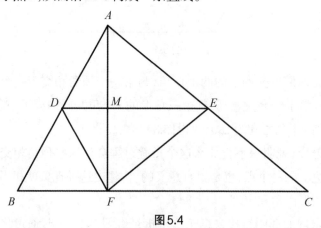

图 5.4

本节中最重要的部分是让你的学生们确信，折纸练习在演示一种特征方面可能会相当有效。要向他们说明折纸演示与证明之间的差异。

5.2 五角星的角

五角星是几何中最受人喜爱的图形之一。正五角星中包含着黄金分割,美国国旗上装点着50个这样的形状!

大多数学生都知道,一个三角形的内角和是180°,而一个四边形的内角和是360°。那么,一个五角星的内角和是多少呢?尽管这很容易证明,但我们还是会假设所有的五角星都具有相同的内角和。这就意味着,通过求出一个正五角星的内角和,然后将它推广到一切五角星,就能够得到答案。学生们一旦能够求出一个顶角的大小,他们应该就能够"碰巧"求出正五角星的内角和。这不是非常困难,因为这些角都是全等的,而且始终都贯穿着可爱的对称性。

不过,设想一下我们没有找出这种关联,而只是试图求出一个"画得很难看的"五角星的内角和,比如说下面图5.5所示的模样。

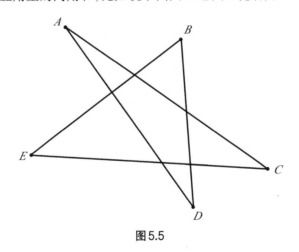

图5.5

我们可以通过以下方式来确定它的内角和:将一支铅笔放在边 AC 上,笔头指向 A,如图5.6(A)。然后将它转过∠A,于是它现在处于边 AD 上,笔头指向 A,如图5.6(B)。然后将它转过∠D,于是它现在处于边 BD 上,笔头指向 B,如图5.6(C)。然后将它转过∠B,于是它现在处于边 BE 上,笔头指向 B,如图5.6(D)。然后将它转过∠E,于是它现在处于边 EC 上,笔头指向 C,如图5.6(E)。最后,将它转过∠C,于是它现在处于边 AC 上,笔头指向

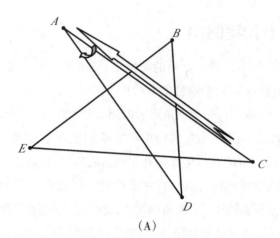

（A）

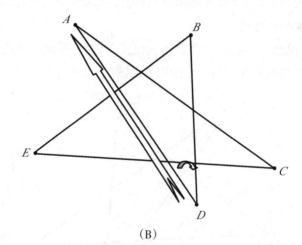

（B）

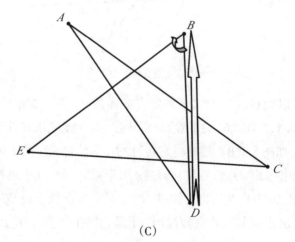

（C）

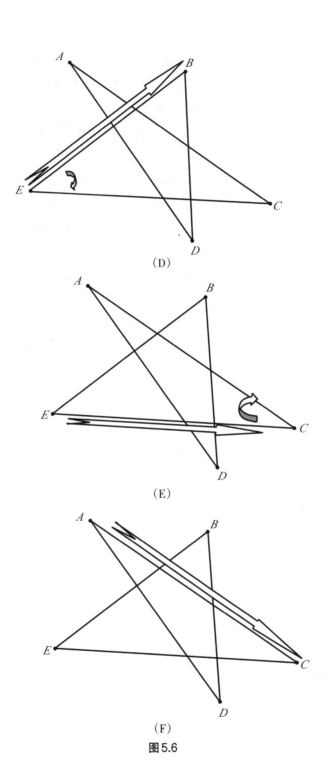

（D）

（E）

（F）

图5.6

C,如图5.6(F),而这与它的起始位置正好相反。因此,这支铅笔的方向已经倒了过来,这就相当于旋转了180°,从而意味着五角星的内角和(铅笔按照逐个内角进行旋转后总共转过的角度)是180°。

同样,请注意这支铅笔的方向是如何通过按顺序转过这些角度而改变了180°的。

有些人会觉得几何"证明"更加让人放心,我们就为他们提供下面的证明。请注意,我们接受这样的概念:对于一切五角星,其"尖角"的角度和都是相同的。既然没有明确指定五角星的类型,那么我们就可以假设这个五角星是正则的,或者是内接于一个圆的(即它的所有顶点都位于一个圆上)。无论是哪种情况,我们都可以注意到,现在每个角都是这个圆的一个内接角,因此其度量值等于它截得的圆弧度量值的一半(如图5.7所示)。

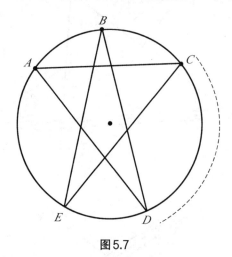

图5.7

因此,我们就得到以下结论:

$\text{m}\angle A = \dfrac{1}{2}\,\text{m}\,\overset{\frown}{CD}$ (这表示"角 A 的度量值等于弧 CD 的度量值的一半")

$\text{m}\angle B = \dfrac{1}{2}\,\text{m}\,\overset{\frown}{ED}$

$\text{m}\angle C = \dfrac{1}{2}\,\text{m}\,\overset{\frown}{AE}$

$\text{m}\angle D = \dfrac{1}{2}\,\text{m}\,\overset{\frown}{AB}$

$\text{m}\angle E = \dfrac{1}{2}\,\text{m}\,\overset{\frown}{BC}$

将这些等式相加,我们就得到

$$\mathrm{m}(\angle A+\angle B+\angle C+\angle D+\angle E)$$

$$=\frac{1}{2}\mathrm{m}\left(\widehat{CD}+\widehat{ED}+\widehat{AE}+\widehat{AB}+\widehat{BC}\right)$$

$$=\frac{1}{2}\cdot 360°=180°$$

这就是说,一个五角星的内角(度量值)之和等于一个圆周的度数的一半,或者说等于180°。同样,请注意,允许将一个任意五角星假定为一个更有用的构型,这种做法并不失为一般性。

5.3　关于π的一些令人难以置信的事情

学生们在早期接触数学的过程中,逐渐熟悉了π。2πr和πr²是初等数学中最常见的公式(也是那些在我们真正了解它们的意义之后很久还能用到的公式),因此许多学生开始忘记π的意思是什么,另一些人则需要一些提醒才能想起来。完善它的最佳方法,是向学生们展示一些戏剧化的例子。也许从下面这个"实验"入手,可以达到预期的效果。

取一个细长的圆柱形玻璃水杯。问一个学生,杯口的周长是大于水杯高度还是小于水杯高度。选择的水杯应该使其高度"看起来"大于杯口周长(通常的细长玻璃水杯就符合这个要求)。现在问这个学生,(除了使用一根细绳测量以外)他/她应该怎样检验自己的猜测。提醒他/她,圆的周长公式是C=πd(π乘以直径)。他/她也许会想起π=3.14是常用的近似值,不过我们可以更加粗略地选择π=3。于是,周长就大约是直径的3倍,用一根细棍或者一支铅笔就很容易"量"出这个直径,然后沿着水杯的高做3次标记。通常,你会发现杯口的周长比这个杯子的高要长,即使它"看起来"并非如此。这个小小的视觉花招对于展示π的大小很有用。

现在来一次真正的"头脑激荡"!要充分理解π的下一个被揭示的内容,你需要知道,几乎所有关于数学史的书籍都声称,π在历史上最早出现的时候,也就是在《圣经·旧约全书》中出现的时候,赋予它的值是3。不过,最近的"调查工作"显示的情况并非如此①。

学生们总是沉浸于这样的故事中:一种隐藏的密码可以揭示出一些遗失已久的秘密。对于《圣经》中π值的通常解释就属于这种情况。在《圣经》中有两处出现了同样的句子,这两个句子在各方面都完全相同,只有一个单词除外,它在该两处的经文中拼写不同。在《列王纪(上)》(1 Kings)的7:23,以及《历代志(下)》(2 Chronicles)的4:2,可以找到对所罗门王神殿里的一个池子或者喷泉的描述,其行文如下:

---

① 参见波萨门蒂与戈登(Noam Gordon)的《关于π历史的一个令人震惊的发现》(An Astounding Revelation on the History of π)一文,刊登于《数学教师》(Mathematics Teacher),1984年第77卷第1期,第52页。——原注

他又铸一个铜海①**,样式是圆的,高五肘,径十肘,围三十肘。**

这里描述的这个圆形结构据说周长为30肘,直径为10肘。(一肘是一个人从指尖到肘部的距离。)由此,我们注意到在《圣经》中有 $\pi=\dfrac{30}{10}=3$。

这显然是对 π 的一个非常粗略的近似。18 世纪后期的一位拉比②——(波兰)维尔纳的以利亚(Elijah of Vilna)——是最伟大的现代圣经学者之一,赢得了"维尔纳加翁"(Gaon of Vilna,意思是维尔纳的智者)的头衔。尽管大多数数学史书籍都说圣经中认为 π 的近似值为3,但这位拉比提出的一个卓越的发现,证明这些书全都讲错了。维尔纳的以利亚注意到,希伯来语中表示"线长测量值"的那个单词,在上文提到的那两个圣经段落中的写法是不同的。

在《列王纪(上)》的7:23中,这个词写成קוה,而在《历代志(下)》的4:2中,它被写成קו。以利亚采用了被称为"希伯来字母代码"的圣经分析技巧(这种技巧现今仍在使用),即根据希伯来字母在希伯来字母表中的顺序来对它们赋予恰当的数值。以利亚将这种技巧应用于"线长测量值"的那个单词的两种拼写方法上,并得到了以下发现。

这些字母的值为ק=100、ו=6 和ה=5。因此,在《列王纪(上)》的7:23中,"线长测量值"的拼写方法给出קוה=5+6+100=111,而在《历代志(下)》的4:2中,拼写方法给出קו=6+100=106。然后他又取这两个值的比:$\dfrac{111}{106}=1.0472$(取四位小数),他认为这是一个必要的校正因子,因为当我们将它乘以人们认为《圣经》中给出的 π 值3时,我们就得到3.1416,而这就是精确到四位小数的 π!对此人们通常的反应都是"哇"!在古代,这样的精度是相当令人惊讶的。为了支持这个概念,可以让学生们用一根细绳去测量数个圆形物体的周长和直径,然后求出它们的商。他们很有可能达不到这种四位小数的精度。此外,为了获得这种四位小数的高精确度,你可以将所有学生的 π 测量值取平均值,不过你很有可能仍然达不到精度要求。

---

① 铜海在基督教用语中指用于沐浴的大铜盆。——译注
② 拉比是犹太人的学者。——译注

5.4 无处不在的平行四边形

让你的每个学生都画一个难看的(任意形状的)四边形。然后让他们(非常仔细地)找到这个四边形4条边的中点。现在让他们将这些点按顺序连起来。每个人画的图都会得到一个平行四边形。哇!怎么会是这样?开始的时候,每个人(很有可能)画的都是不同形状的四边形。但是结果每个人都得到了一个平行四边形。

图5.8所示是几个可能的结果:

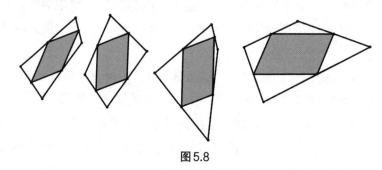

图5.8

这个时候应该提出的一个问题是,原始的那个四边形有怎样的形状时,得到的平行四边形会是一个矩形、菱形或正方形?

学生们可以运用猜测加检验的方法,也可以通过分析情况,结果都会得到以下结论:当原始四边形的两条对角线相互垂直时,得到的平行四边形是一个矩形,如图5.9。

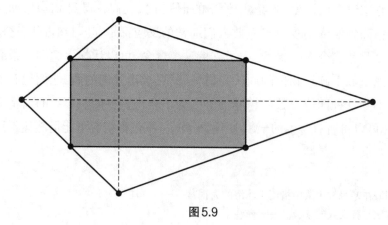

图5.9

当原始四边形的两条对角线长度相等时,得到的平行四边形是一个菱形,如图5.10。

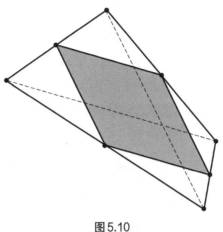

图5.10

当原始四边形的两条对角线相互垂直且长度相等时,得到的平行四边形是一个正方形,如图5.11。

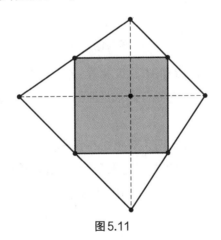

图5.11

如果教师希望为班里的学生们进行这项演示,那么我们高度推荐"几何画板"这一软件。如果教师希望证明以上这些结论"确实成立",那么下面提供一个简短的证明提纲,这样的证明对于一名学几何的高中生而言,应该是完全力所能及的。

证明提纲　证明的基础是一条简单的定理,其内容是:一根连接一个三角形两边中点的线段平行于这个三角形的第三条边,并且长度等于它的一半。这正是这里的情况。

如图5.12,在△ADB中,AD和AB两条边的中点分别是F和G。

因此有$FG /\!/ DB$和$FG = \frac{1}{2}BD$,同理可得$EH /\!/ DB$和$EH = \frac{1}{2}BD$。

因此有$FG /\!/ EH$和$FG = EH$。这就确立了$FGHE$是一个**平行四边形**这一事实。

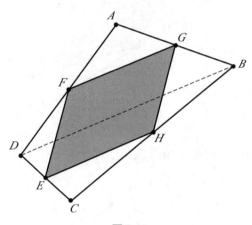

图5.12

此外,如果对角线DB和AC长度相等,那么这个平行四边形的各边长度也必定相等。这是因为它们各自都是原四边形两条对角线长度的一半。其结果就是一个菱形。

同样,如果原四边形的两条对角线相互垂直且长度相等,那么由于这个平行四边形的各边成对平行于这两条对角线,并且长度是它们的一半,因此这个平行四边形的邻边必定相互垂直且长度相等,这就得到一个正方形。

5.5 比较面积和周长

比较面积和周长是一件非常微妙的事情。一个给定的周长可能会对应许多不同的面积。你可以用一根细绳来构成各种不同形状的矩形。这可以让你向学生们展示，一个固定的周长如何能够产生各种不同的面积。例如，让我们观察周长为20的一些矩形。如图5.13所示，它们可能会具有不同的面积。

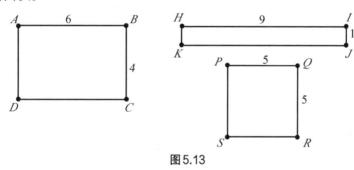

图5.13

周长为20，矩形 *ABCD* 的面积是24。

周长为20，矩形 *HIJK* 的面积是9。

周长为20，矩形 *PQRS* 的面积是25。

可以证明，一个固定周长能围成的面积最大的矩形，是一个长和宽相等的矩形，也就是一个正方形。

比较相似图形的面积是一件很有趣的事。我们再来看一下圆形。

假设你有4根长度相等的细绳。用**第一根细绳**围成一个圆。将**第二根细绳**剪成相等的2段，并围成2个完全一样的圆。将**第三根细绳**剪成相等的3段，并围成3个完全一样的圆。按照同样的方式，用**第四根细绳**围成4个完全一样的圆。请注意，每组等圆的周长和都是一样的，如图5.14。

圆	直径	每个圆的周长	各组圆的周长之和	每个圆的面积	各组圆的面积之和	各组较小圆的面积之和占圆 *P* 面积的百分比
P	12	12π	12π	36π	36π	100
R	6	6π	12π	9π	18π	50
Q	4	4π	12π	4π	12π	$33\frac{1}{3}$
S	3	3π	12π	2.25π	9π	25

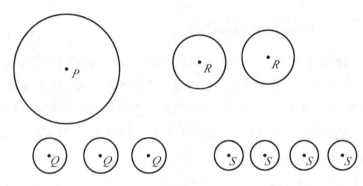

图5.14

对以上图表进行检查后发现,各组圆的周长之和都相同,而面积之和却有很大差异。我们用相同总长度的细绳围成的圆越多,这些圆的总面积就越小。你意想不到的事情发生了!

也就是说,当围成2个相等的圆时,这2个圆的总面积等于大圆面积的一半。类似地,当围成4个相等的圆时,这4个圆的总面积等于大圆面积的四分之一。

这看起来似乎与我们的直觉相悖。不过,如果我们考虑一种更加极端的情况,比如说围成100个更小的相等的圆,那么我们就会看到,每个圆的面积都变得极小,而这100个圆的面积之和就等于大圆面积的一百分之一。

让学生们解释这种相当令人困惑的情况。这应该会让他们对面积比较产生一种有趣的视角。

5.6 埃拉托色尼如何测量地球

如今测量地球已经不是一件极度困难的事情了,不过在数千年前,这绝非易事。请记住,"几何"这个词就源自"地球测量"。因此,用地球测量的最早期形式之一来研究几何是最恰当的。希腊数学家埃拉托色尼[1]在大约公元前230年对地球周长进行了一次测量。他的测量达到了很高的精度,误差不到2%。为了进行这次测量,埃拉托色尼利用了平行线的内错角关系。

作为亚历山大城[2]的图书管理员,埃拉托色尼可以接触到那些事件日程的记录。他发现,在一年的某一个特定日子的中午,在尼罗河边一个名为赛伊尼(现在被称为阿斯旺)的镇子上,太阳刚好位于头顶正上方。其结果是,一口深井的底部被完全照亮,而一根竖直的柱子由于与照射其上的光线平行而没有留下任何影子。

不过,与此同时,在亚历山大城的一根竖直的柱子确实留下了影子。当这个日子再次到来时,埃拉托色尼测量了如图5.15中的∠1的角度。这个角是由亚历山大城中这样的一根柱子和来自太阳、通过该柱子顶端到阴影远端的光线所构成的角度。他发现这个角度大约是7°12′,或者说是360°的 $\frac{1}{50}$。

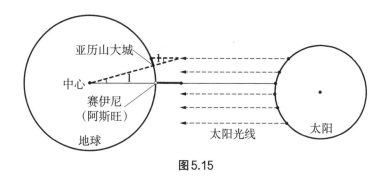

图5.15

---

[1] 埃拉托色尼(Eratosthenes,前276—前194年),希腊数学家、地理学家、历史学家、天文学家和诗人,他的主要贡献是设计出经纬度系统,计算出地球的直径。——译注
[2] 亚历山大城是埃及北部的港口城市,埃及第二大城市。——译注

他假设太阳光线都是平行的,因此他知道地球中心的那个角度必定与∠1完全相同,从而其大小必定也大约等于360°的$\frac{1}{50}$。因为赛伊尼和亚历山大城几乎在同一条经线上,那么赛伊尼就必定位于这条经线所在圆的半径上,而这条半径则与太阳光线平行。于是埃拉托色尼就推断出,赛伊尼和亚历山大城之间的距离是地球周长的$\frac{1}{50}$。当时认为从赛伊尼到亚历山大城的距离大约是5000希腊斯泰亚姆。斯泰亚姆是一种测量单位,等于一个奥林匹克体育场或古埃及体育场的长度。于是埃拉托色尼得出结论:地球的周长大约等于250 000希腊斯泰亚姆,或者说大约等于24 660英里[①]。这与现代的估计值非常接近。这名副其实的几何真是令人叹为观止!你的学生们应该能充分理解几何的这种古老应用了。

---

① 1英里=1609米。——译注

5.7　令人意外的围绕地球的绳索

本节内容将向你的学生们展示，他们的直觉并不总是可信的。这些内容会让他们感到意外（甚至震惊）。一如既往，请花些时间去了解其中的状况，并设法掌握它们。直到那时，结论才会产生戏剧化的效果。

假设有一根绳子沿着赤道紧紧地缠绕着地球。这根绳子大约有24 900英里长。我们现在把这根绳子恰好加长1码[1]，再将这根（现在放松了的）绳子沿着赤道缠绕，使它到地球的间隔是均匀的，如图5.16。这根绳子的内侧可以穿过一只老鼠吗？

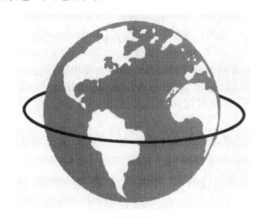

图5.16

要确定两个圆周之间的距离，传统的方法是求出它们的半径之差。如图5.17，设 R 为由绳子构成的（周长为 $C+1$ 的）那个圆的半径，r 为地球构成的（周长为 C 的）圆的半径。

由我们熟悉的周长公式可得

$$C = 2\pi r \quad 或 \quad r = \frac{C}{2\pi}$$

以及

$$C+1 = 2\pi R \quad 或 \quad R = \frac{C+1}{2\pi}$$

我们需要求出两个半径之差，它是

---

① 1码=0.9144米。——译注

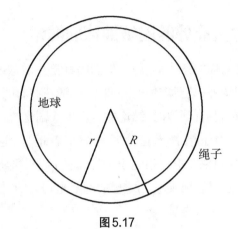

图5.17

$$R-r = \frac{C+1}{2\pi} - \frac{C}{2\pi} = \frac{1}{2\pi} \approx 0.159 码 \approx 5.7 英寸^{①}$$

哇！绳子内侧留给老鼠爬行的空间超过 $5\frac{1}{2}$ 英寸。

你的学生们必定会对这个令人诧异的结果体会深刻。想象一下，通过将一根长 24 900 英里的绳子加长 1 码，就会把它举高到离开赤道大约 $5\frac{1}{2}$ 英寸！

现在再来看一种更加巧妙的解答。本节内容有助于我们理解一种非常有效的解题策略，这种策略可以称为考虑极端情况。

让学生们考虑上文提及的那道题目。他们应该意识到，这个解答与地球周长无关，因为最后的结果中并不包含计算过程中涉及的周长。需要计算的只有 $\frac{1}{2\pi}$。

以下是利用一种极端情况得出的一个真正巧妙的解答。

假设图5.17里面的那个圆非常小，小到半径长度为零的程度（这就意味着它实际上只是一个点）。我们要求的是两个半径之差：$R-r=R-0=R$。

因此我们需要求的就只是较大圆的半径，于是我们的题目就这样解决了。由于较小圆的周长现在是0，因此我们将周长公式应用于较大圆：

$$C+1 = 0+1 = 2\pi R, \quad 于是 \quad R = \frac{1}{2\pi}$$

本节内容提供了两份财富。首先,它展示了一个令人震惊的结论,这个结论显然是始料未及的;其次,它为你的学生们提供了一种很好的解题技巧,可以在以后的应用中充当一个有用的模型。

5.8　月牙形和三角形

首先请提醒你的学生们，月牙形是一种蛾眉形状的图形（正如月亮常常呈现出的形状），它由两段圆弧构成。你应该花点时间向学生们指出，一个圆的面积和一些线形图形的面积是不能等同的[1]。一个恰当的例子是"古代三大作图问题"之一，即化圆为方。我们现在已经证明，（用无刻度的直尺和圆规）不可能作出一个面积等于某一给定圆面积的正方形[2]。不过，我们会为你提供一个简单的例子，让一个圆的面积等于一个三角形的面积。

首先来回忆一下勾股定理。它的内容如下：

一个直角三角形的两条直角边长的平方和等于其斜边长的平方。

这也可以用一种用词稍有不同、但效果相同的方式来陈述[3]。

一个直角三角形的两条直角边上作出的正方形面积之和等于其斜边上作出的正方形面积。

实际上，我们很容易就可以证明，这个正方形可以用画在三角形各边上的任何相似图形来代替。

一个直角三角形的两条直角边上作出的相似多边形面积之和等于其斜边上作出的相似多边形面积。

针对（显然相似的）半圆的特例重新叙述，内容如下：

一个直角三角形的两条直角边上作出的半圆面积之和等于其斜边上作出的半圆面积。

于是，我们可以说图5.18中的这些半圆面积具有以下关系：

$$P \text{ 的面积} = Q \text{ 的面积} + R \text{ 的面积}$$

假设我们现在将半圆 P（以 AB 为轴）翻过来，覆盖在图形的其余部分上。我们会得到一个如图5.19所示的图形。

---

[1] 这句话的意思是，在计算圆面积时要用到 π，而 π 是一个超越数。——译注

[2] 参见冯承天著，《从一元一次方程到伽罗华理论》，华东师范大学出版社，2012。——译注

[3] 英语中表示"平方"和"正方形"的是同一个单词square。——译注

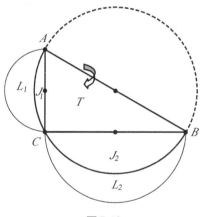

图5.18

图5.19

现在让我们重点关注由两个半圆所构成的这些月牙形。我们将它们标注为 L_1 和 L_2。

我们先前得出了

P 的面积 = Q 的面积 + R 的面积

在图5.20中,可以将这一同样的关系写成如下形式:

J_1 的面积 + J_2 的面积 + T 的面积 =

L_1 的面积 + J_1 的面积 + L_2 的面积 + J_2 的面积

如果我们从上式两边都减去 J_1 的面积 + J_2 的面积,我们就得到了下面

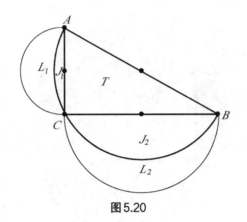

图 5.20

这个令人惊讶的结果：

$$T\text{ 的面积} = L_1\text{ 的面积} + L_2\text{ 的面积}$$

也就是说，我们得到了一个面积等于两个非直线图形（两个月牙形）面积和的直线图形（三角形）。

5.9 无处不在的等边三角形

欧氏几何中最令人惊叹的关系之一,是一条由弗兰克·莫利(作家克里斯托弗·莫利的父亲)[1]最先发表的定理。1904年,他就与剑桥大学的几位同事讨论过这条定理,不过直至1924年才将其发表,当时他身处日本。想要真正欣赏这条定理的美妙之处,你最好使用"几何画板"程序来检验它。我们会用这几页篇幅尽可能地展示它。不要让你的学生们把它与用无刻度的直尺和圆规将一个角三等分(这是不可能做到的)混淆起来,你要做的只是用其他工具将一个角三等分。

这条定理陈述如下:

任意三角形的内角三等分线中,其相邻两条的交点确定了一个等边三角形。

让我们来观察图5.21。

请注意以下过程是如何发生的:点 D、E 和 F 是 $\triangle ABC$ 中相邻的内角

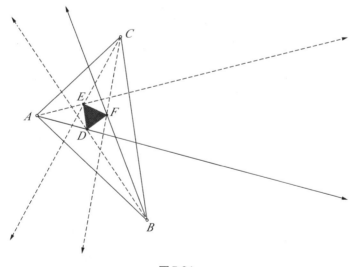

图5.21

---

① 弗兰克·莫利(Frank Morley,1860—1937),英国几何学家,后迁居美国,曾任美国数学学会主席。他最重要的成就是莫利定理,在代数方面也有贡献。克里斯托弗·莫利(Christopher Morley,1890—1957)是他的长子,美国作家、记者、诗人。——译注

三等分线的交点,而△DEF是一个等边三角形。哇!这个等边三角形是从任意形状的三角形开始逐步形成的。如果用"几何画板"来绘图,你就能够改变初始△ABC的形状,并观察到每一次△DEF都保持等边,尽管它的大小不同。

图5.22演示了你能用"几何画板"构建的几种变化形式,从而见证这

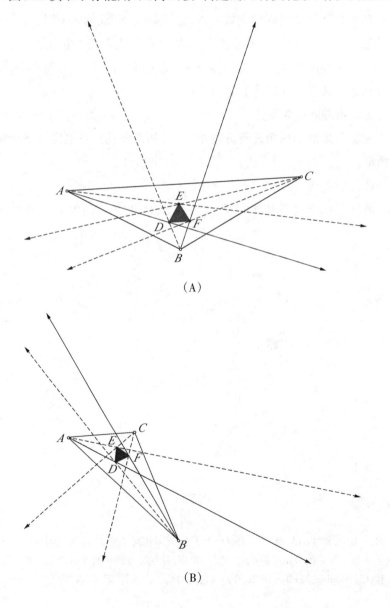

（A）

（B）

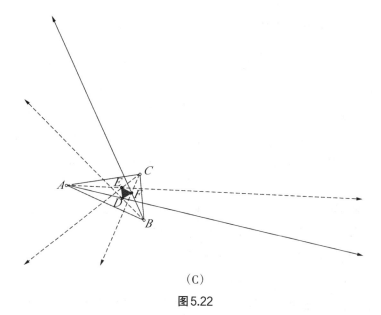

(C)

图5.22

种令人惊异的关系。这真的是几何中最具有戏剧性的（也是最令人惊叹的）关系之一，它就应该用这种方式呈现出来。需要提醒你的是，证明该定理的困难程度在欧氏几何中是数一数二的[①]。

—————————

① 在波萨门蒂与萨尔金德(C. T. Salkind)合著的《具有挑战性的几何题目》(*Challenging Problems in Geometry*, New York: Dover, 1996)一书的第158—161页可以找到数种证明。——原注

5.10 拿破仑定理

对典型的高中几何课程来说,一开始的内容并不有趣,直到学生们要去构建(当然还要证明)全等三角形,情况才开始好转。即使到了那时,大多数练习也还是相当枯燥和乏味的。不过,有这样一种关系,它看起来让人觉得很难证明,却可以用最简单的几何知识来证明。这听起来也许自相矛盾,不过你下面会看到它所蕴含的真正内容。证明这种关系是非常值得的,而由证明建立的这条定理格外强大,可以延伸出许多内容。换言之,证明的过程可能会很有乐趣(或者至少会让你有一种成就感),不过一旦你能应用证明的结论,真正的好"东西"才会出现。

这条定理以拿破仑的名字来命名,不过现今的历史学家们则将它归功于某个拿破仑的军事工程师。

这条定理陈述的内容是:将一个(任意形状的)三角形的各个顶点与(以这个三角形的对边向外画出的)等边三角形的远端顶点相连,那么这样画出的3条线段是等长的。

也就是说,当△ADC、△BCE和△ABF是等边三角形时,AE、BD和CF彼此相等(如图5.23)。你的学生们应该注意到这种情形的不同寻常性,因为我们是以任意三角形开始的,而这种关系却始终成立。如果每个学生都

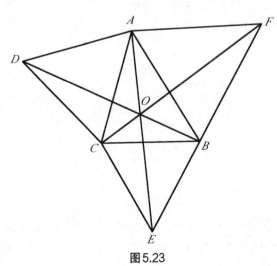

图5.23

各自画出一个自己的三角形,那么每个人都会得到这个相同的结论。无论使用直尺加圆规,还是"几何画板",对此都适用,不过后者会更方便一些。

在踏上证明此定理成立的征途之前,给你的学生们提供一些如何证明这条定理的提示也许会有所帮助。其中的窍门在于,找到适当的三角形并证明它们全等。要认出它们来并不容易。图5.24展示了其中一对这样的全等三角形。这两个全等三角形能确定 *AE* 和 *BD* 相等。用另一对全等三角形,按照同样的方式可以证明另两条线段相等,它们也和这两个三角形一样隐藏在图中。

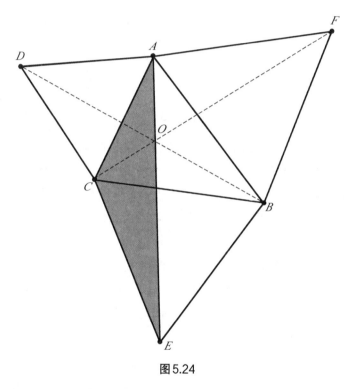

图5.24

在这幅图中有不少非同寻常的特征。例如,*AE*、*BD* 和 *CF* 这3条线段还是共点的,而你的学生们很可能根本没有注意到这个特征。这个特征在典型的高中几何课程中并未多作探究。不过,学生们不应该认为这是理所当然的,必须对它加以证明。不过,就我们的论题而言,我们会不加证明地接受它①。

　　点O不仅是这3条线段的公共点,而且也是这个三角形中到原三角形各顶点距离之和**最小的唯一点**。这个点通常被称为△ABC的费马点。

　　不仅如此,这个点O也是这个三角形中唯一能使各边所对的角都相等的点(如图5.25)。也就是说,∠AOC=∠COB=∠BOA=120°。

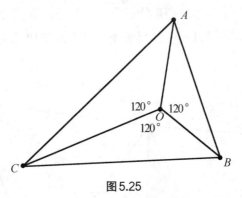

图5.25

　　还不止这些呢!让你的学生们分别找出这3个等边三角形的中心。他们可以用各种方式来做:找出3条高、3条中线或3条角平分线的交点。将这些中心连接起来,你会发现,一个等边三角形出现了(如图5.26)。请记住,我们是从一个任意画出的三角形开始的,而现在所有这些迷人的特征都出现了。

　　如果应用一个"几何画板"之类的计算机几何绘图程序,那么你就可以看到,无论最初的三角形的形状如何,以上关系全都是成立的。你可以向学生们提出一个问题:如果点C在AB上,从而将最初的三角形压扁了,那么预期会发生什么情况?

　　如图5.27,你瞧,我们的等边三角形仍然保留下来了。也许更加令人诧异的(如果有什么能让你诧异的话),是对这条定理的推广。也就是说,假设我们构建出3个相似三角形,将它们适当地置于我们随机画出的那

――――――――――

① 对于这条定理的一种证明及其几种拓展,请参见波萨门蒂著《高等欧氏几何:带高中教师和学生们涉猎》(*Advanced Euclidean Geometry: Excursions for Secondary Teachers and Students*, Emeryville, CA: Key College Press, 2002),第4章。——原注

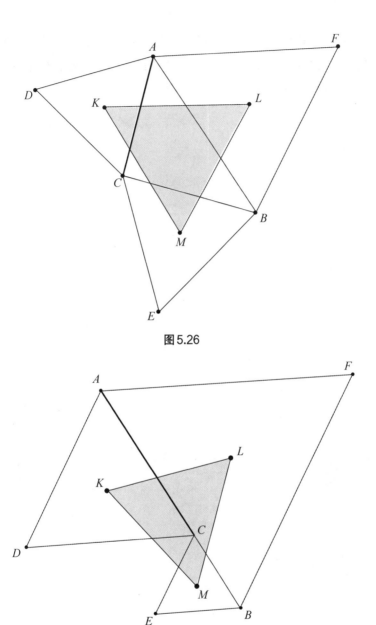

图 5.26

图 5.27

个三角形的各条边上,然后再将它们的中心(这一次我们必须让选择的
"中心"保持一致——重心、垂心、内心,等等)连接起来。结果所得的图形
会与这3个相似三角形相似。

我们以上所说的都是在随机选择的三角形各边上向外画出的三角形。在计算机绘图程序的帮助下，学生们可以看到，这些特征也可以拓展到向内画出的那些三角形。

5.11 黄金矩形

当谈到数学之美时,我们可以谈谈大多数艺术家都认为最美的那个矩形。这个矩形通常被称为黄金矩形,心理学家们已证明它是审美学上最令人愉悦的矩形。建筑物和艺术作品中常常用到它。比如,雅典的帕台农神庙就是基于黄金矩形的形状建立的(如图5.28)。如果我们勾勒出经典艺术作品中许多图形的轮廓,那么黄金矩形会占很大比例。

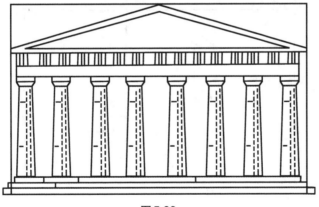

图5.28

让学生们设法在他们的周边环境中找到一些黄金矩形。

要构建一个黄金矩形,可以先从一个正方形开始,如图5.29。找到其中一条边的中点M,并以M为圆心、ME为半径画一段圆弧。设这段圆弧与直线AF相交于点D。然后从D点竖直向上画出一条垂直于AD的线段,与

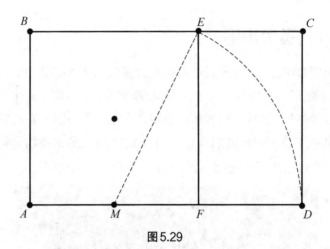

图 5.29

直线 BE 相交于点 C。矩形 $ABCD$ 就是一个黄金矩形。这可以用尺规作图来实现。如果有学生擅长使用"几何画板",那么就鼓励他们去使用它。

下面是黄金矩形的一种非常好的拓展。如果我们连续不断地在这个黄金矩形中构建正方形,如图 5.30 所示,那么每次产生的新矩形都是一个黄金矩形。也就是说,它与原矩形相似,因为一切黄金矩形都相似。

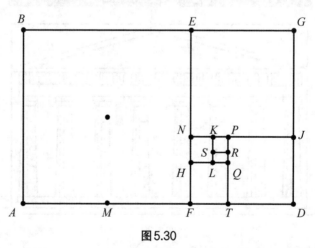

图 5.30

从黄金矩形 $ABGD$ 中移除正方形 $ABEF$,得到黄金矩形 $EGDF$。

从黄金矩形 $EGDF$ 中移除正方形 $EGJN$,得到黄金矩形 $JDFN$。

从黄金矩形 $JDFN$ 中移除正方形 $PJDT$,得到黄金矩形 $TFNP$。

从黄金矩形 $TFNP$ 中移除正方形 $TFHQ$,得到黄金矩形 $HNPQ$。

从黄金矩形 *HNPQ* 中移除正方形 *HNKL*，得到黄金矩形 *KPQL*。

从黄金矩形 *KPQL* 中移除正方形 *KPRS*，得到黄金矩形 *SRQL*。

以此类推。

请注意，每次从一个黄金矩形中移除一个正方形，得到的矩形也是一个黄金矩形。

一旦学生们画出上面这个图形，就应该鼓励他们去画四分之一圆弧，如图5.31中所示，得到的图形接近于一条对数螺线。

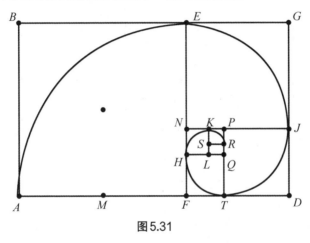

图5.31

通过画出两个最大黄金矩形的对角线，我们可以找到这条螺线的消失点位置，如图5.32所示。

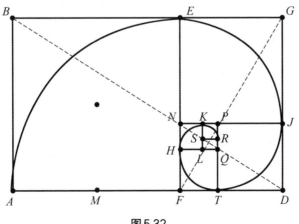

图5.32

精确构建出这个图形的学生会看到，*BD* 和 *GF* 也包含了其他黄金矩形的对角线。此外，*BD*⊥*GF*。

　　通过找到从最大到最小的每个相继正方形的中心，并用平滑曲线连上这些点，也可以画出一条相似的螺线，如图5.33。

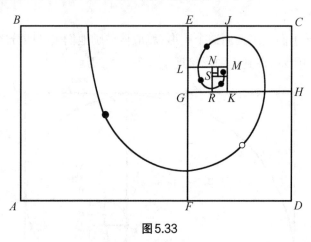

图5.33

　　这个矩形的美妙之处真是无穷无尽！

5.12　用纸折出黄金分割

在数学中,有许多事物都是"美的",不过有些时候,这种美并不是显而易见的。黄金分割则并非如此,无论它是以何种形式呈现出来的,我们都一眼就能看出它的美。黄金分割指的是一根线段被一个点分割而形成的特定比例。

简单地说,如图5.34,对于线段AB,点P将它划分(或分割)成两条线段AP和PB,使得

B ●————————————————● P ————————————— ● A

图5.34

$$\frac{AP}{PB} = \frac{PB}{AB}$$

这个比例显然早已为古埃及人和古希腊人所知,很可能最初是达·芬奇[1]将它命名为"黄金分割"的,他为帕乔利[2]的关于这个主题的《神圣比例》(*De Divina Proportione*, 1509)一书绘制了几何图解。

关于黄金分割,几乎存在着无穷无尽的美妙之处。其中之一是,我们仅仅通过折叠一条纸带,就可以轻松地构建出这一比例。

只需要让学生们取一条约1—2英寸宽的纸带,并用它打一个结。然后非常仔细地将这个结压平,如图5.35所示。请注意,得到的这个形状看起来像是一个正五边形,也就是一个所有角都相等,且所有边都具有相同长度的五边形。

如果学生们用的是相对较薄的半透明纸,并将它举到光亮处,那么他们应该能看到有对角线的五边形。这些对角线以黄金分割的比例彼此相交,如图5.36。

① 达·芬奇(Leonardo da Vinci, 1452—1519),意大利文艺复兴时期的画家、雕刻家、建筑师、音乐家、数学家、工程师、发明家、解剖学家、地质学家、制图师、植物学家和作家。——译注

② 帕乔利(Fra Luca Pacioli, 1445—1517),意大利数学家,对会计学的建立有重大贡献。——译注

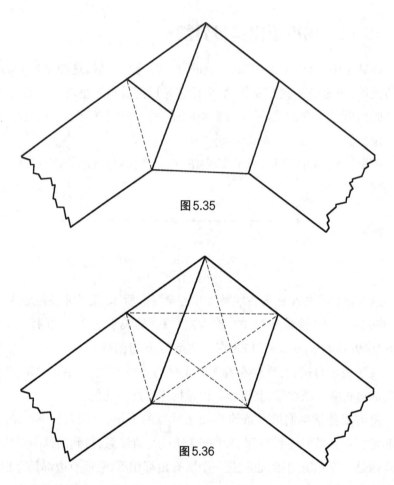

图 5.35

图 5.36

让我们更仔细地来看一下这个五边形，如图 5.37。点 D 将 AC 划分为黄金分割形式，因为

$$\frac{DC}{AD} = \frac{AD}{AC}$$

我们可以说，线段 AD 的长度是较短线段（DC）长度和整个线段（AC）长度的比例中项。

对一些学生读者来说，说明一下黄金分割的值是多少，可能会有所帮助。为此，我们从等腰三角形 ABC 入手，它的顶角大小为 $36°$。然后考虑 $\angle ABC$ 的角平分线 BD，如图 5.38。

我们发现 $\angle DBC = 36°$。因此，$\triangle ABC \backsim \triangle BCD$。设 $AD = x$，$AB = 1$。不管怎

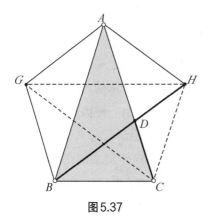

图 5.37

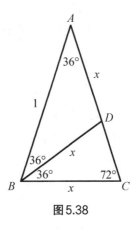

图 5.38

样,既然△ADB和△DBC都是等腰三角形,那么$BC=BD=AD=x$。

根据相似性可得

$$\frac{1-x}{x} = \frac{x}{1}$$

由此得出

$$x^2+x-1 = 0 \quad 和 \quad x = \frac{\sqrt{5}-1}{2}$$

(负根不能用来表示AD的长度。)

我们记得

$$\frac{\sqrt{5}-1}{2} = \frac{1}{\phi}$$

△ABC的比例是

$$\frac{腰}{底} = \frac{1}{x} = \phi$$

因此我们称△ABC为黄金三角形。

5.13　不正的正五边形

用尺规作图构建的图形之中,较难作出的图形之一是正五边形。有许多方法可以构建它,但其中没有任何一种是特别简单的。根据黄金分割与正五边形的密切关系,学生们可以设法自己开发出一种构建方法。

多年以来,工程师们一直在用一种方法来绘制看起来像是一个正五边形的图形,然而仔细检查后就会发现,这样构建出来的图形有些非正则[①]。我们会在下文中展示这种方法,它是1525年由德国著名画家丢勒[②]建立的。

请大家参考图5.39。从线段 AB 开始,按照如下方式画出5个半径为

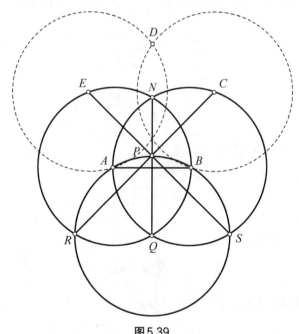

图5.39

① 关于这种误差存在于何处的讨论,请参见波萨门蒂和豪普特曼(H. A. Hauptman)合著的《引入关键数学概念的101个好主意》(*101 Great Ideas for Introducing Key Concepts in Mathematics*, Thousand Oaks, CA: Corwin Press, 2001),第141—146页。——原注

② 丢勒(Albrecht Dürer, 1471—1528),文艺复兴时期德国油画家、版画家、雕塑家及艺术理论家。——译注

AB 的圆：

1. 分别以 *A* 和 *B* 为圆心画出两个圆，它们相交于点 *Q* 和点 *N*。

2. 然后以 *Q* 为圆心画圆，分别与圆 *A* 和圆 *B* 相交于点 *R* 和点 *S*。

3. 线段 *QN* 与圆 *Q* 相交于点 *P*。

4. 直线 *SP* 和 *RP* 分别与圆 *A* 和圆 *B* 相交于点 *E* 和点 *C*。

5. 分别以 *E* 和 *C* 为圆心、*AB* 为半径画出两个圆，它们相交于点 *D*。

6. 多边形 *ABCDE*（据称）是一个正五边形。

将这些点按顺序连起来，我们就得到了图5.40中的五边形 *ABCDE*。

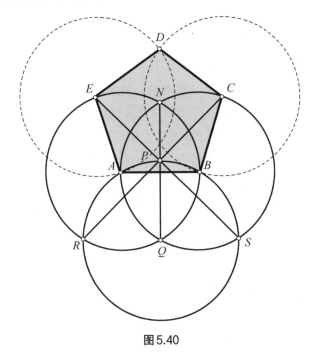

图5.40

尽管这个五边形"看起来"是正则的，但是∠*ABC* 大了约 $\frac{22}{60}$ 度。也就是说，如果 *ABCDE* 是一个正五边形的话，那么每个角的大小都必须是108°，而我们得到的却是∠*ABC*≈108.366 120 2°。你可以尝试用"几何画板"来画这张图，或者只是简单地将它画在黑板上。遵照上文提供的这些步骤，应该很容易画出这幅作品。

5.14　帕普斯的不变量

如果无论图形的形状如何，某件事情都保持成立，那么这时几何中的一个可爱关系就出现了。也就是说，我们可以根据通过电话给出的一些指令来画某样东西，这种情况下画出来的图形外观会因人而异，但是所有图画中有一个部分却是共通的。我们把这共通的部分称为不变量。这样的一种情形是由亚历山大的帕普斯①从他的《数学汇编》一书中传承下来的，这本书把当时所知道的大部分几何知识汇编在一起了。让我们来看看他讲了些什么②，然后惊叹吧。

你应该和班里的学生一起来尝试一下。让学生各自独立地画出下文描述的这个图形，然后再让他们相互比较得到的那些图。

考虑任意两条直线，每条直线上都有处于任意位置的三个点。然后将第一条直线上的点与第二条直线上的点连接起来，但是不要连接有对应关系的点。也就是说，不要将一条直线上最右（左）边的点与另一条直线上最右（左）边的点相连，也不要将两个中间的点相连。

在图5.41中，我们就是这么做的。我们将三个交点标为G、H和I。现在令人惊异的部分出现了：无论你是如何画出那两条初始直线的，也无论你

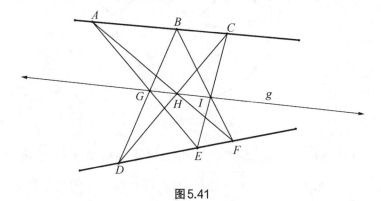

图5.41

---

① 亚历山大的帕普斯（Pappus of Alexandria，约300—350年），古希腊数学家，他的《数学汇编》（*Collection*）一书记录了许多重要的古希腊数学成果。——译注

② 这在《数学汇编》中作为命题139的引理13列出。——原注

将这些点画在直线上的何处，G、H和I这三个点总是共线（即它们位于同一条直线上）[①]！

你可以让学生把图形画在投影片上，也可以让他们使用一个计算机绘图程序，这样班里的每个学生都能看到其他人画的图。

---

① 对帕普斯定理的一种证明，可参见波萨门蒂著《高等欧氏几何：带高中教师和学生们涉猎》。——译注

5.15　帕斯卡的不变量

　　本节内容与关于帕普斯不变量的上一节内容类似,同样是一个相当随意画出的图形,却展示出一种共同特征(不过要谨遵给出的画法)。也就是说,学生们可以根据通过电话给出的一些指令来画某样东西,这种情况下画出来的图形外观会因人而异,但是所有图画中有一个部分却是共通的。我们把这共通的部分称为不变量。这个不变量也有一段有趣的历史。

　　1640年,当时年仅16岁的著名数学家帕斯卡[1]发表了一篇长度仅一页的论文,题为《圆锥曲线论》(*Essay Pour les Coniques*),文中向我们展示了一条最富有洞察力的定理。这条被他称为神秘六边形的定理说的是:**如果一个六边形内接于一条圆锥曲线,那么其各组对边的交点共线**[2]。下面我们会采用最常见的圆锥曲线:圆,来说明该定理。

　　考虑内接于圆的六边形$ABCDEF$(即它的所有顶点都在圆上)。你可以让班里的学生独自试一试,可以画在纸上,也可以使用计算机绘图程序。其中的花招是,所画出的六边形形状要能让你得到各组对边的交点——因此不要让对边平行。

　　图5.42标出了各组(延长的)对边及它们的交点:

AB和DE相交于点I。

BC和EF相交于点H。

DC和FA相交于点G。

　　这里还有一个不同形状的内接于一个圆的六边形(见图5.43)。再次注意到,无论这个六边形的形状如何,它的各组对边相交形成的三个点都在一条直线上(即它们是共线的)。

　　如果你在计算机上画这张图,比如说用"几何画板",那么你就可以真实地看到,通过改变这个六边形的形状,G、H和I这三个点如何总是保持

① 帕斯卡(Blaise Pascal,1623—1662),法国数学家、物理学家、哲学家,在数学、物理学、气象学等多个领域都有重要贡献。——译注

② 对于帕斯卡定理的一种证明,可参见波萨门蒂著《高等欧氏几何:带高中教师和学生们涉猎》。——译注

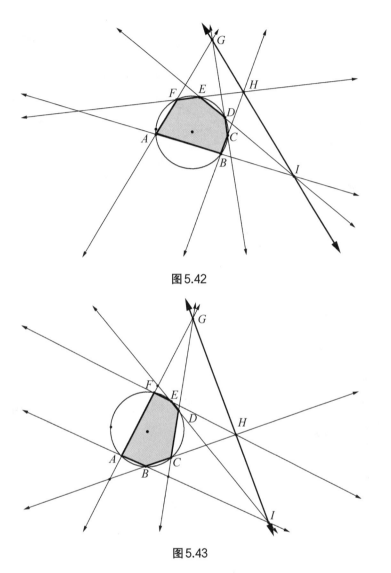

图 5.42

图 5.43

共线。这种情形的令人惊异之处在于,它与六边形的形状无关。你甚至可以将这个六边形扭曲到使它看起来不像一个多边形,而只要你找到了对边是哪些,以上的共线特征仍然不变。同样,这也可以非常容易,且非常令人印象深刻地用"几何画板"来演示。

在图 5.44 中,你只有通过考查初始六边形的各条边,才能将原六边形辨认出来。各组对边及它们的交点为:

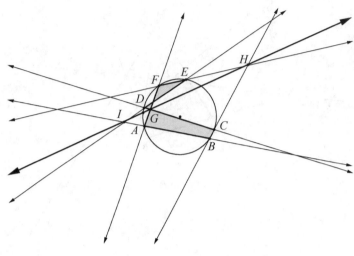

图 5.44

AB 和 DE 相交于点 I。

BC 和 EF 相交于点 H。

DC 和 FA 相交于点 G。

G、H 和 I 这三个交点仍然共线。

这种真正令人惊异的关系会给我们动力，去研究以上各示例中出现这种现象的原因。

5.16 布里昂雄对帕斯卡想法的巧妙推广

在讲解了上一节关于帕斯卡不变量的内容之后,应该立即展示本节内容,因为这两节内容由一种被称为对偶性的关系相互联系着。也许对于大多数学生而言,这都是一个新的概念,但是它非常容易理解,并且研究它也有诸多乐趣。我们在本节稍后会对它进行描述。首先,讲一点历史。

1806年,时年21岁的巴黎综合工科学校学生布里昂雄[①]在《巴黎综合工科学校学报》(*Journal de L'École Polytechnique*)上发表了一篇论文,这篇论文后来成为对射影几何中的圆锥曲线研究最为基本的贡献之一。在某种程度上已经被遗忘的帕斯卡定理,在他取得的进展之后重新得到了叙述及拓展。此后布里昂雄又提出了一条新的定理,即后来以他的姓氏命名的布里昂雄定理[②],这条定理的内容是:"如果一个六边形外切于一条圆锥曲线,那么其三条对角线彼此相交于同一点"[③]。它与帕斯卡定理有着一种奇异的相似性,我们在前一节关于帕斯卡的不变量的内容中讨论过后者。

要充分理解帕斯卡定理和布里昂雄的发现之间的联系,最好先来理解数学中的对偶概念是什么。当两种陈述中的关键词都用它们的对偶词来取代时,这两种陈述就相互对偶。例如,点和线是对偶词、共线和共点是对偶词、内接于与外切于是对偶词、边和顶点是对偶词等。你可以让学生用几种简单的陈述来加以练习。这里有一个对偶关系的例子。请注意"点"和"线"这两个术语是如何互换的。

两个<u>点</u>确定一条<u>直线</u>。

两条(当然是相交的)<u>直线</u>确定一个<u>点</u>。

以下你会看到重述的帕斯卡定理,旁边则是布里昂雄定理。请注意,在帕斯卡定理中的那些带有下划线的词都用它们的对偶词来取代,这就

---

① 布里昂雄(Charles Julien Brianchon, 1785—1864),法国数学家和化学家。——译注
② 对于布里昂雄定理的一种证明,可参见波萨门蒂著《高等欧氏几何:带高中教师和学生们涉猎》。——原注
③ 《数学资料集》(*Source Book in Mathematics*, New York: McGraw-Hill, 1929),史密斯(D. E. Smith)主编,第336页。——原注

构成了布里昂雄定理。因此，它们事实上是彼此对偶的。

帕斯卡定理	布里昂雄定理
如果一个六边形<u>内接</u>于一条圆锥曲线，那么其各组对<u>边</u>的<u>交点</u> <u>共线</u>。	如果一个六边形<u>外切</u>于一条圆锥曲线，那么其各组对<u>顶点</u>的<u>连线</u> <u>共点</u>。

　　在图5.45中，六边形 *ABCDEF* 外切于圆。如同讨论帕斯卡定理时一样，我们只考虑圆锥曲线是一个圆的这种情况。根据布里昂雄定理，连接对顶点的那些直线是共点的。你的学生可以很容易地用一些不同形状的外切六边形来验证这一点。我们又一次看到，这个图形的简单性及其产生的结果体现了它的美妙。

　　在陈述了他的定理之后，布里昂雄又立即提出，如果移动 *A*、*F* 和 *E* 这三个点，从而使它们共线，并让点 *F* 变成一个切点，于是就构成了一个五边形，此时仍然可以有同样的陈述。也就是说，因为五边形 *ABCDE* 外切于一个圆，那么 *CF*、*AD* 和 *BE* 是共点的（见图5.46）。

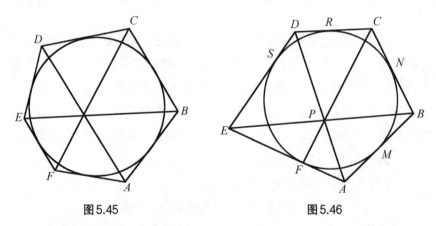

图5.45　　　　　　　　　　　图5.46

　　我们鼓励你用"几何画板"来演示这种美妙的关系，以取得完全戏剧般的效果。

让数学之美带给你灵感与启发　数学奇观

5.17 勾股定理的一种简单证明

数学中最受赞誉的关系之一就是勾股定理。成年人通常对这条定理的记忆胜过他们在学校里学过的其他任何数学知识,为什么它会给他们留下如此深刻的印象?会不会是因为我们提到这条定理时,常常采用字母表中的前三个字母,而这就像是学习最初的 ABC 一样?不管是什么原因造成它的普及,我们仍然需要一种证明才能将它作为一条定理接受下来。本节介绍一种非常简单的证明,你也许会想要用它来代替教科书中通常提供的那种证明。由于它相当简单,你也许会不管教学大纲的次序安排,早一点来介绍它。你必须要注意的是,它是由一条关于圆的弦长的定理推得的,因此必须首先引入这条定理。

显而易见,勾股定理是许多几何知识和全部三角学知识的基础。出于这一原因,在发现一种新的证明时请注意,要确保这种证明并不是基于一种建立在勾股定理本身基础上的关系。对于三角学的情况亦是如此。任何勾股定理的证明都不能使用三角关系,因为这些关系都基于勾股定理——这是循环论证的一个清晰例子。学生对循环论证是什么意思应该有一个清楚的认识。

现在来看这种证明。它非常简单,但是它基于一条定理,这条定理的内容可陈述如下:当圆内的两根弦相交时,其中一根弦的两个线段之积等于另一根弦的两个线段之积。在图5.47中,这就意味着对于这两根相交的弦,有:$p \cdot q = r \cdot s$。

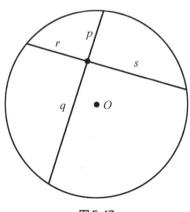

图5.47

现在,请考虑直径AB垂直于弦CD的圆,如图5.48。

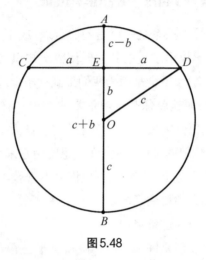

图5.48

根据上文所陈述的定理可知,$(c-b)(c+b)=a^2$。于是$c^2-b^2=a^2$,因此$a^2+b^2=c^2$。勾股定理就再次得到了证明。卢米斯(Elisha S. Loomis)撰写了一本很好的书,其中汇集了对勾股定理的370种证明方法,尽管在其出版之后又出现了许多证明方法[1]。此书对于所有数学教师来说都是一本很好的参考书。

① 有一本经典著作给出了勾股定理的370种证明方法,那就是卢米斯编著的《毕达哥拉斯命题》(*The Pythagorean Proposition*, Reston, VA: NCTM, 1968)。——原注

5.18　用纸折出勾股定理

你现在马上要开始关注的这节内容一定会让你在学生中赢得好感。即便没有其他原因,他们也应该会由于能够"看到"勾股定理出现在自己眼前而赞赏不已。在学生们为了证明勾股定理而经历了一番挣扎之后,想象一下我们现在能通过简单地折叠一张纸来证明这条著名的定理。你首先想到的也许会是,在我上学的时候,为什么我的老师从来没有向我展示过这种方法呢?这个问题提得很好,不过这可能是为什么许多成年人也不相信数学优美且令人欣喜的原因之一。因此,这里有一个机会来向你的学生展示一种他们不太可能会忘记的美。

我们可以对勾股定理所陈述的内容进行扩展:

一个直角三角形的两条直角边上作出的正方形面积之和等于该三角形斜边上作出的正方形面积。

用"相似多边形面积"来代替"正方形面积",读起来就是

一个直角三角形的两条直角边上作出的相似多边形面积之和等于该三角形斜边上作出的相似多边形面积。

可以证明这种替代是正确的,而且对于恰当地(分别)置于直角三角形各边上的任何相似多边形都成立。

考虑以下这个高为 CD 的直角三角形。图5.49显示了折叠起来并覆盖在 $\triangle ABC$ 上的3块三角板:它们是 $\triangle ABC$、$\triangle ADC$ 和 $\triangle BDC$。在你建立了这个示范后,每个学生都应该与你一起操作。

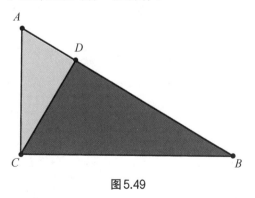

图5.49

请注意，△ADC∼△CDB∼△ACB。在图5.49中，△ADC和△CDB折叠过来覆盖在△ACB上。因此显而易见，△ADC面积+△CDB面积=△ACB面积。如果我们把这些三角形展开(也包括△ACB本身)，我们就得到以下图形(图5.50)，这个图形显示，这些相似多边形(在这里是直角三角形)之间的关系就是对勾股定理的扩展：

一个直角三角形的两条直角边上作出的相似直角三角形**面积之和等于该三角形斜边上作出的相似**直角三角形**面积。**

这实质上就是通过折纸"证明"了勾股定理！

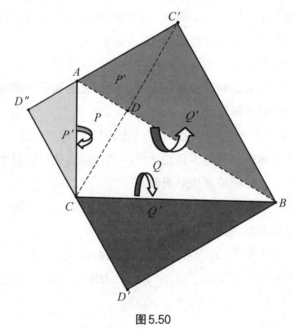

图5.50

5.19　加菲尔德总统对数学的贡献

你可以先问问你班里的学生,以下三个人有什么共同之处:毕达哥拉斯、欧几里得和美国第20任总统加菲尔德(James A. Garfield, 1831—1881)。

在经过片刻的困惑之后,你可以消除他们的挫折感,告诉他们这三个家伙都证明了勾股定理。前两位不出意外,不过加菲尔德总统?他可不是一位数学家。他甚至都不曾学习过数学。事实上,他只是非正式地自学过一些几何知识,那是在他发表对于勾股定理的证明之前25年左右[1]。

加菲尔德很喜欢"摆弄"基础数学,当他还是一位众议院议员时,他想到了对于这条著名定理的一种精巧的证明方法。在达特茅斯学院的两位教授(昆比和帕克)的鼓励下,这种方法后来发表在《新英格兰教育杂志》(*New England Journal of Education*)上。加菲尔德在1876年3月7日曾经去达特茅斯学院进行过一次演讲。那篇文章的开头是:

在对来自俄亥俄州的国会议员加菲尔德将军的一次个人访谈中,他向我们展示了以下对于驴桥定理(pons asinorum)[2]的证明,这是他在与其他国会议员进行一些数学娱乐和讨论的过程中偶然想到的。我们不记得以前是否曾经见过这种证法,并且我们也认为这是可以让参众两院的议员们能够不分党派区别而取得一致的东西。

到这时,学生们很可能已经产生了兴趣,要看看一位并非数学家的美国总统能对这条著名定理有什么样的作为。加菲尔德的证明方法实际上相当简单,因此可以认为它是"巧妙的"。我们的证明开始于将两个全等三角形($\triangle ABE \cong \triangle ECD$)放置成$B$、$C$和$E$共线的形式,如图5.51所示,这样就构成了一个梯形。还要注意,由于$\angle AEB + \angle CED = 90°$,因此$\angle AED = 90°$,于是$\triangle AED$是一个直角三角形。

---

① 1851年10月,他在日记中注明:"我今天开始在没有课程和教师的情况下自学几何学了。"——原注

② 这看来是张冠李戴了,因为我们通常将证明一个等腰三角形的两个底角相等视为驴桥定理,或者说是"傻瓜桥"。——原注

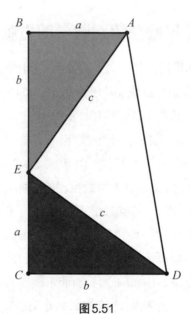

图 5.51

该梯形面积 = $\frac{1}{2}$ × 上下底边之和 × 高

$$= \frac{1}{2}(a+b)(a+b)$$

$$= \frac{1}{2}a^2 + ab + \frac{1}{2}b^2$$

这些三角形的面积之和(也就是该梯形的面积)

$$= \frac{1}{2}ab + \frac{1}{2}ab + \frac{1}{2}c^2$$

$$= ab + \frac{1}{2}c^2$$

现在我们将表示梯形面积的这两个表达式放在等式两边

$$\frac{1}{2}a^2 + ab + \frac{1}{2}b^2 = ab + \frac{1}{2}c^2$$

$$\frac{1}{2}a^2 + \frac{1}{2}b^2 = \frac{1}{2}c^2$$

这就是我们所熟悉的 $a^2 + b^2 = c^2$,即**勾股定理**。

　　如今能得到的勾股定理的证明有400多种,其中许多都是独创性的,尽管也有一部分有点繁琐。不过,它们全都不会用到三角学。为什么会这样?一个机敏的学生会告诉你,不可能存在利用三角学来证明勾股定理的方法,因为三角学依赖于(或者说是基于)勾股定理。因此,利用三角学来证明它本身所依赖的那条定理,这就会陷入循环论证。鼓励你的学生去发现一种新的方法来证明这条最为著名的定理。

5.20　一个圆的面积是多大

　　学生常常"被告知"，一个圆的面积是通过 $A=\pi r^2$ 这个公式来求出的。他们几乎总是没有机会去发现这个公式从何而来，或者它与他们学过的其他概念有着怎样的联系。从以前学过的那些概念中逐渐推导出这个公式，这不仅充满趣味，而且很有教学意义。学生们必须已经知道如何求平行四边形的面积，本节将呈现圆面积公式的一个巧妙证明。

　　首先在一张硬纸板上画出一个适当大小的圆。将这个圆平分成16个相等的扇形。平分的方法可以是连续划分出22.5°的扇形，也可以是先将这个圆平分成两部分，然后是四部分，然后再平分每个四分之一圆，这样持续下去，如图5.52所示。

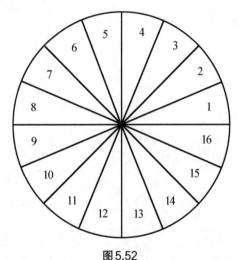

图 5.52

　　然后将上图所示的这些扇形剪开，并以图 5.53 所示的方式放置。

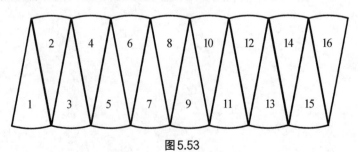

图 5.53

这种放置方式表明，我们得到的这个图形近似于一个平行四边形。也就是说，如果将这个圆切割成更多扇形，那么这个图形看起来就会更像一个真正的平行四边形。让我们假设它就是一个平行四边形。在这种情况下，它的底边长度就会是 $\frac{1}{2}C$，其中 $C=2\pi r$（r 是半径）。这个平行四边形的面积等于它的底乘以高（在这里就是 r）。因此，这个平行四边形的面积为 $(\frac{1}{2}C)r=\frac{1}{2}(2\pi r)(r)=\pi r^2$，这就是大家所知道的圆面积公式。这应该会给你的学生们留下深刻印象，以至于让这个面积公式从此开始具有某种直觉意义。

5.21　两个三角形的独特布局

我们在学校里学习的大部分几何知识都与图形的布局无关。学生们并不关心两个三角形如何放置,他们关心的是它们的相对形状:全等、相似,或者面积相等。也就是说,只要这些图形之间的关系保持不变,那么就可以把它们放置在平面(一张纸)上的任何位置。通常,我们并不关心它们相对于其他图形是如何放置的。我们将会考察一种非常重要的关系,因为它具有一些非同寻常的结果。这个关系实际上构成了一门被称为射影几何的几何学分支,它是由德萨格[①]于1648年发现的。

我们将要考虑两个三角形,我们会用相同的字母来标明它们的"对应顶点",而这也就确定了它们的各条对应边。在我们继续下去的过程中,记住这一点很重要。这两个三角形将会以一种非常特殊的形式来放置,而它们的形状(或者说相对性状)对我们来说却无关紧要。这与高中几何学习中所采用的那种思维方式大相径庭。

我们会将任意的两个三角形放置成这样一个位置,从而能够使连接它们各组对应顶点的三条直线共点。足以引人注意的是,在完成这种排布后,它们的各组对应边相交于三个共线的点。让我们来看看这在比较正式的情形中会是什么样子。

德萨格定理:如果$\triangle A_1B_1C_1$和$\triangle A_2B_2C_2$的位置排布成使连接其各组对应顶点的三条直线A_1A_2、B_1B_2和C_1C_2共点,那么其各组对应边相交于三个共线的点。

在图5.54中,连接各组相应顶点的三条直线A_1A_2、B_1B_2和C_1C_2都相交于点P。各组对应边的延长线相交于点A'、B'和C'。

直线B_2C_2和B_1C_1相交于点A'

直线A_2C_2和A_1C_1相交于点B'

直线B_2A_2和B_1A_1相交于点C'

这确实非同寻常,不过更令人惊讶的是,它的逆命题也同样成立。也

[①] 德萨格(Gérard Desargues,1591—1661),法国数学家和工程师,他奠定了射影几何的基础。——译注

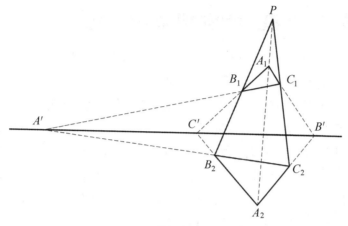

图5.54

就是说,如果△$A_1B_1C_1$和△$A_2B_2C_2$的位置排布成使其各组对应边相交于三个共线的点,那么连接其各组对应顶点的三条直线A_1A_2、B_1B_2和C_1C_2共点。如果教师想要更进一步研究这条定理,那么知道它是自对偶的这一点就非常有用。就是说,这条定理的对偶定理就是它的逆命题①。

---

① 这条定理的证明可以在波萨门蒂的《高等欧氏几何:带高中教师和学生们涉猎》一书中找到。——原注

5.22 等边三角形中距离不变的点

等边三角形是对称性最高的三角形。它的角平分线、高和中线都是相同的线段。没有任何其他三角形能够拥有这种特性。这些线段的交点是其内切圆和外接圆的圆心，这又是一个独一无二的特性。这些应该都是众所周知的特性。不太出名的特性是，如果在一个等边三角形内选择任意一点，那么该点到三角形各边的距离之和是恒定不变的。事实上，这个距离之和就等于这个三角形的高。与其简单地向你的学生讲述这个事实，不如让他们用一个等边三角形内的几个点来体验一番。他们要测量该点到每条边的（当然是垂直）距离。他们应该会注意到，对于所选的每个点，这些距离之和都是相同的。然后通过测量这个三角形的高，他们就会发现这些距离之和都等于高。

对此进行验证的一种非常巧妙（或者说有点复杂）的方法是取一个"极端"点。通过将这个"任意点"取在一个顶点处，就可以很容易确立这种关系。这样，该点到两条边的距离都是零，只剩下它到第三条边的距离作为它们的和。这个到第三条边的距离就等于高。

我们也可以用若干比较传统的方法来证明这种关系。

我们要设法证明：从一个等边三角形内部的任意一点到这个三角形各边的距离之和是恒定不变的（等于该三角形的高）。

我们可以用实际测量值来看一个这样的例子（见图5.55）。

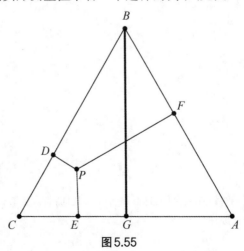

图5.55

$$PF = 3.38\text{cm}$$

$$PD = 0.88\text{cm}$$

$$PE = 1.39\text{cm}$$

$$PF+PD+PE = 5.65\text{cm}$$

$$BG = 5.65\text{cm}$$

这里对这种有趣特性提供两种证明。第一种是将每条垂线段的长度与高的一部分作比较,而第二种则包含面积比较。

证明一:在等边△ABC中,$PR \perp AC$、$PQ \perp BC$、$PS \perp AB$、$AD \perp BC$。过点P画一条平行于BC的直线,与AD、AB和AC分别相交于G、E和F三点(见图5.56)。

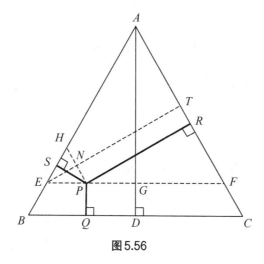

图5.56

因为$PGDQ$是一个矩形,所以$PQ=GD$。作$ET \perp AC$。因为△AEF是等边三角形,所以$AG=ET$(等边三角形的所有高都相等)。作$PH/\!/AC$,交ET于点N。则$NT=PR$。因为△EHP是等边三角形,所以PS和EN这两条高相等。于是我们就证明了$PS+PR=ET=AG$。因为$PQ=GD$,所以$PS+PR+PQ=AG+GD=AD$。对于给定三角形来说,这是一个常数。

证明二:在等边△ABC中,$PR \perp AC$、$PQ \perp BC$、$PS \perp AB$、$AD \perp BC$。连PA、PB和PC(见图5.57)。

△ABC面积 = △APB面积+△BPC面积+△CPA面积

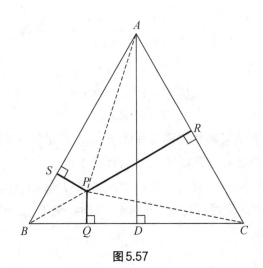

图 5.57

$$= \frac{1}{2}AB \cdot PS + \frac{1}{2}BC \cdot PQ + \frac{1}{2}AC \cdot PR$$

因为 $AB=BC=AC$，所以 △ABC 面积 $= \frac{1}{2}BC \cdot (PS+PQ+PR)$。又 △$ABC$ 面积 $= \frac{1}{2}BC \cdot AD$。因此 $PS+PQ+PR=AD$。对于给定三角形来说，这是一个常数。

现在你的学生应该有足够理由相信这种非常有趣的现象是成立的。

5.23 九点圆

几何学中真正的乐趣之一,也许是发现一些看起来似乎互不相关的点,实际上是相互联系在一起的。我们从一个非常重要的概念开始:三个不共线的点确定一个圆。当第四个点也出现在这同一个圆上时,就相当值得注意了。而当九个点最终全都出现在同一个圆上时,那就非同寻常了!对于任意给定三角形,这九个点是:

- 各边的中点
- 各条高的垂足
- 从垂心到各顶点的线段中点

让你的学生画出必要的图形,以找到这九个点中每个点的位置。仔细作图会让它们都位于同一个圆上。这个圆被称为三角形的九点圆。无刻度的直尺和圆规,或者"几何画板"计算机程序都是适用的。

1765年,欧拉[①]证明这些点中的六个能确定一个唯一的圆,这六个点是各边的中点和各条高的垂足。不过一直到1820年,布里昂雄和彭赛列[②]发表了一篇论文[③],这才揭示了这个圆上其余的三个点(从垂心到各顶点的线段中点)。这篇论文给出了对下面这条定理的第一个完整证明,并且首次使用了"九点圆"这个名称。

定理:在任意三角形中,各边的中点、各条高的垂足和从垂心到各顶点的线段中点都位于同一个圆上。

证明:为了简化这一证明的讨论过程,我们会对每个部分分别用一个单独的图来考虑。不过请记住,图 5.59—5.62 中的每个图都只不过是图 5.58 的摘要,图 5.58 才是完整的图。

---

① 欧拉(Leonhard Euler, 1707—1783),瑞士数学家和物理学家,近代数学先驱之一,对微积分和图论等多个领域都作出过重大贡献。——译注

② 彭赛列(Jean-Victor Poncelet, 1788—1867),法国数学家、工程师,射影几何学的创立人之一。——译注

③ 《关于以四个给定条件确定等边双曲线的研究》(*Recherches sur la détermination d'une hyperbole équilatère, au moyen de quatre conditions données*, Paris, 1820)。——原注

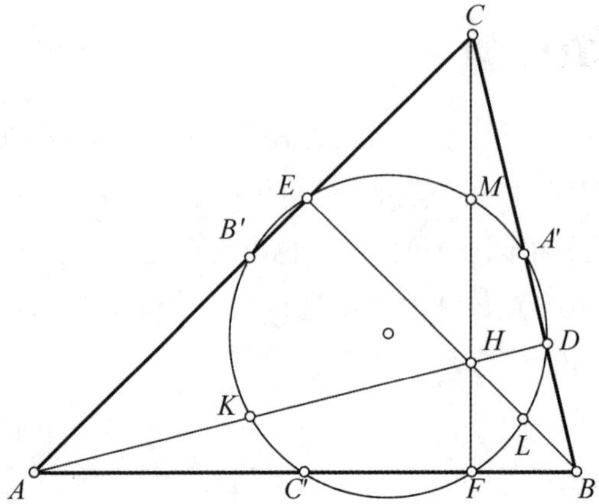

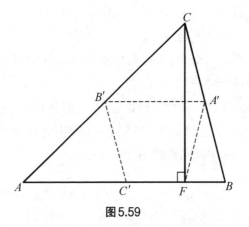

图5.58

在图5.59中,点A'、B'和C'是△ABC三个顶点分别对应的各边中点。CF是△ABC的一条高。由于$A'B'$是△ABC的一条中位线,$A'B'/\!/AB$。因此四边形$A'B'C'F$是一个梯形。$B'C'$也是△ABC的一条中位线,因此$B'C'=\frac{1}{2}BC$。由于$A'F$是直角△BCF斜边上的中线,$A'F=\frac{1}{2}BC$。因此$B'C'=A'F$,即梯形$A'B'C'F$是等腰的。

图5.59

你会回忆起,当一个四边形的对角互补时,这个四边形内接于一个圆,等腰梯形的情况就是如此。因此,四边形$A'B'C'F$是一个圆内接图形[①]。

---

① 圆内接四边形是指四个顶点都位于同一个圆上的四边形。——原注

至此,我们证明了这九个点中的四个点在同一个圆上。

为了避免任何混淆,我们重画一遍△ABC(见图5.60),并加入高AD。采用与前文同样的论证,我们发现四边形A′B′C′D是一个等腰梯形,因此它也是一个圆内接图形。于是我们现在证明了这九个点中的五个点在同一个圆上(即点A′、B′、C′、F和D)。

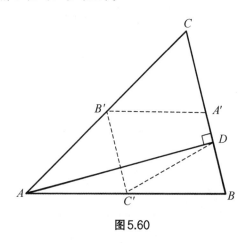

图5.60

通过对高BE重复同样的论证,我们就可以得出点D、F、E和点A′、B′、C′位于同一个圆上。欧拉用这种构形给出的结果就到这六个点为止了。

用H表示垂心(即三条高的交点),M表示CH的中点(见图5.61)。于是△ACH的一条中位线B′M就平行于AH,或者高AD。因为B′C′是△ABC的一条中位线,所以B′C′∥BC。那么,由于∠ADC是一个直角,∠MB′C′就

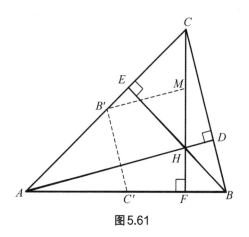

图5.61

也是一个直角。于是四边形 $MB'C'F$ 就是一个圆内接四边形（对角互补）。这就将点 M 置于由点 B'、C' 和 F 确定的那个圆上。我们现在得到了一个七点圆。

我们用 BH 的中点 L 来重复这个过程（见图 5.62）。如前所述，$\angle B'A'L$ 是一个直角，$\angle B'EL$ 也是一个直角。因此 B'、E、A' 和 L 共圆（对角互补）。现在在我们的圆上又得到了另外一个点 L，从而使它成为一个八点圆。

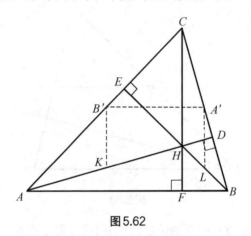

图 5.62

为了在这个圆上找到最后一个点，请考虑点 K，即 AH 的中点。与前面类似，我们求得 $\angle A'B'K$ 是一个直角，$\angle A'DK$ 也是一个直角。因此四边形 $A'DKB'$ 是一个圆内接图形，于是点 K 与点 B'、A'、D 在同一个圆上。因此，我们证明了这九个特殊的点位于这个圆上。不可小觑，这可是相当精彩的结论！

5.24 西姆森的不变量

这是数学史上最重大的不公正事件之一,其中涉及的一条定理最初是华莱士(William Wallace)发表在利伯恩(Thomas Leybourn)的《数学宝库》(*Mathematical Repository*, 1799—1800)一书中的。但是由于疏忽大意造成的错误引用,它被归功于西姆森(Robert Simson, 1687—1768)——他是欧几里得《几何原本》的一位著名英文译者。为了与这种历史性的不公正保持一致,我们仍采用通常的说法,称它为西姆森定理。

这条定理之美,就在于它的简单性。首先让学生每人画出一个各顶点都在一个圆上的三角形(这件事情总是可以做到的,因为任意三个不共线的点确定一个圆),然后让他们在这个圆上选择一个与这个三角形的任一顶点都不重合的点。他们要从这个点向三角形的三条边各作一条垂线。这三条垂线与三条边的交点(图5.63中的点 X、Y 和 Z)总是共线(即它们位于同一条直线上)。学生的每一幅精确作图都应该反映出这个事实。由这三个点所确定的这条直线通常被称为西姆森线(再一次的"不公正")。

这个事实可以比较正式地陈述如下。

西姆森定理:从一个三角形的外接圆上任意一点向该三角形的三边作垂线,其垂足共线。

在图5.63中,点 P 在 $\triangle ABC$ 的外接圆上。$PY \perp AC$ 于点 Y,$PZ \perp AB$ 于点 Z,$PX \perp BC$ 于点 X。根据西姆森定理(即华莱士定理),X、Y 和 Z 三点共线。这条直线通常被称为西姆森线。

我们在证明这条定理时要用到非常规的方法,因此在这里提供其证明过程。

证明[1]:因为 $\angle PYA$ 与 $\angle PZA$ 互补,所以四边形 $PZAY$ 是一个圆内接图形[2]。连 PA、PB 和 PC。

---

[1] 西姆森定理的另外几种证明方法可参见波萨门蒂与萨尔金德合著的《具有挑战性的几何题目》,第43—45页。——原注

[2] 对角互补的四边形是一个圆内接图形,也就是说,它的顶点全都位于同一个圆上。——原注

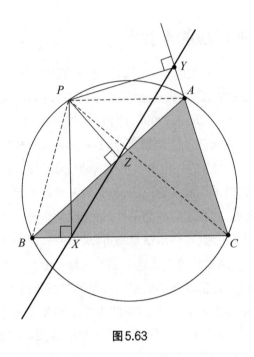

图5.63

可得

$$\angle PYZ = \angle PAZ \qquad (1)$$

同理,因为$\angle PYC$与$\angle PXC$互补,所以四边形$PXCY$是一个圆内接图形,可得

$$\angle PYX = \angle PCB \qquad (2)$$

而且,四边形$PACB$也是一个圆内接图形,因为它内接于给定的那个外接圆,可得

$$\angle PAZ = \angle PCB \qquad (3)$$

由(1)—(3)可得,$\angle PYZ = \angle PYX$,因此X、Y和Z三点共线。

这个不变量可用"几何画板"进行漂亮的演示。学生可以在程序中画出这个图形,然后通过将圆上的这个点移动到各种不同的位置,他们就能够观察到,这种共线性如何在点P的所有位置下都得以保持。这种类型的动态几何非常有助于给你的学生留下深刻印象,并唤起他们对于数学的热爱。

5.25　切瓦的非常有用的关系

　　高中几何中最受忽视的主题之一,就是共点的概念。在许多情况下,它被视为理所当然。通常,我们只是"知道"一个三角形的三条高是共点的,即它们具有一个公共交点。同样,我们也常常认为一个三角形的三条中线共点是理所当然的,一个三角形的三条角平分线也是这样的情况。在初等几何课程中,对一个三角形中的各种直线共点这一论题的研究往往不足,应予以更多的关注。为了让上述这些假设尘埃落定,我们必须建立一种极其有用的关系。这就要求助于一条由意大利数学家切瓦(Giovanni Ceva,1647—1734)首先发表[1],现在以他的姓氏命名的著名定理。

　　用简单的术语来说,切瓦所建立的这种关系是:如果你有三条共点的线段(AL、BM 和 CN),这三条线段分别将一个三角形的一个顶点与其对边上的一个点相连,那么沿各边的间隔线段之积相等。在图5.64中,你可以看到这种情况,请注意沿着这个三角形各边的间隔线段之积是相等的:$AN \cdot BL \cdot CM = NB \cdot LC \cdot MA$。

　　这个结论可以更正式地陈述如下。

　　切瓦定理[2]:三条直线分别包含△ABC 的三个顶点 A、B、C 及其对边上

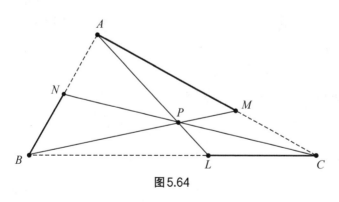

图5.64

---

① 《论相交直线,结构静力学》(*De lineis rectis se invicem secantibus, statica constructio*, Milan, 1678)。——原注

② 切瓦定理的证明超出了本书关注的范围,不过可以在波萨门蒂的《高等欧氏几何:带高中教师和学生们涉猎》一书的第27—31页找到。——原注

一点 L、M、N。当且仅当

$$\frac{AN}{NB} \cdot \frac{BL}{LC} \cdot \frac{CM}{MA} = 1$$

或 $AN \cdot BL \cdot CM = NB \cdot LC \cdot MA$ 时,这三条直线共点。

如图5.65所示,存在两种可能的情况,能使从各顶点画出的三条直线与相应的对边相交并保持共点。

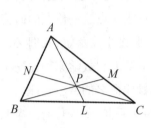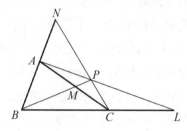

图5.65

左边这幅图也许比较容易理解,而用右边这幅图则比较容易验证这条定理。

现在,先将这条定理"接受"下来加以利用,我们就能看出用它来证明先前提到过的某些关系有多么简单。

我们会从证明一个三角形的各条中线共点这项任务开始。通常(也就是在没有切瓦定理帮助的情况下),这会是一项非常困难的证明,因此在典型的高中课程中常常就不进行讨论了。现在来观察一下证明这种共点性有多么简单。

证明: 如图5.66所示,在 $\triangle ABC$ 中,AL、BM 和 CN 是三条中线。因此,$AN=NB$,$BL=LC$,$CM=MA$。将这些等式相乘,我们就得到

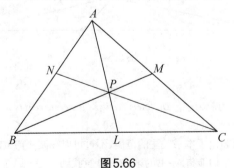

图5.66

$$AN \cdot BL \cdot CM = NB \cdot LC \cdot MA \quad 或 \quad \frac{AN}{NB} \cdot \frac{BL}{LC} \cdot \frac{CM}{MA} = 1$$

于是由切瓦定理可得 AL、BM 和 CN 共点。

同样,对于三角形各条高的共点性,将其(初等几何呈现的)传统证法与以下利用切瓦定理的证法相比较,也非常可取。

下面我们利用切瓦定理来证明一个三角形的各条高是共点的。

证明:如图 5.67 所示,在 $\triangle ABC$ 中,AL、BM 和 CN 是三条高。用这两幅图,你都可以逐步了解这个证明过程,因为同一证明对于锐角三角形和钝角三角形都成立。

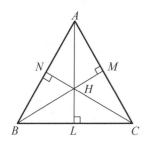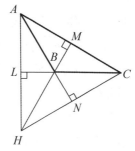

图 5.67

$\triangle ANC \backsim \triangle AMB$,因此 $\dfrac{AN}{MA} = \dfrac{AC}{AB}$ (1)

$\triangle BLA \backsim \triangle BNC$,因此 $\dfrac{BL}{NB} = \dfrac{AB}{BC}$ (2)

$\triangle CMB \backsim \triangle CLA$,因此 $\dfrac{CM}{LC} = \dfrac{BC}{AC}$ (3)

将(1)、(2)、(3)相乘,我们就得到

$$\frac{AN}{MA} \cdot \frac{BL}{NB} \cdot \frac{CM}{LC} = \frac{AC}{AB} \cdot \frac{AB}{BC} \cdot \frac{BC}{AC} = 1$$

这就意味着(根据切瓦定理)各条高是共点的。

学生应该逐渐熟悉这条非常强大的定理,因为事实证明它在其他一些类似的情形下也相当有用。

5.26 显然共点吗

三角形中有一种令人着迷的共点情况,它是由法国数学家热尔岗(Joseph-Diaz Gergonne,1771—1859)首先建立的。热尔岗在数学史上占有一席独特的地位,因为他是第一份纯粹数学杂志《纯粹与应用数学杂志》(*Annales des mathématiques pures et appliqués*,1810年创刊)的创始人。这份杂志每月出版,直至1832年,人们把它称为《热尔岗杂志》。在这份杂志出版期间,热尔岗发表了大约200篇论文,其中大部分是关于几何的。《热尔岗杂志》为当时一些最有才智的人提供了一个分享信息的机会,从而在射影几何和代数几何的创建过程中发挥了重要作用。我们会因为一条相当简单的定理而记住热尔岗,接下去我们就来展示这条定理。

首先让学生们画出某一给定三角形的内切圆。这个图形可以这样来画:首先找到这个圆的圆心,它是这个三角形的各条角平分线相交的那一点,然后找出从这个圆心到三角形一条边的垂直距离。这样,这个圆的半径就有了。知道了这个圆的圆心和半径长度,他们就能够画出这个内切圆了。现在他们得到了一个有内切圆的三角形。下面再画出三角形各顶点与相应的三个切点的连线,你瞧,它们是共点的。

为了证明这个涉及一个三角形中各线共点的关系,我们可以利用切瓦定理(参见第5.25节)。

热尔岗定理:分别连接三角形一个顶点及对边上的内切圆切点的三条直线共点。

这个点被称为此三角形的热尔岗点。

证明:在图5.68中,圆 O 与 AB、AC、BC 三边分别相切于 N、M、L 三点。由此可得 $AN=AM$,$BL=BN$,$CM=CL$。这些等式可以写成

$$\frac{AN}{AM}=1 \qquad \frac{BL}{BN}=1 \qquad \frac{CM}{CL}=1$$

将这三个分式相乘,我们就得到

$$\frac{AN}{AM}\cdot\frac{BL}{BN}\cdot\frac{CM}{CL}=1$$

因此,

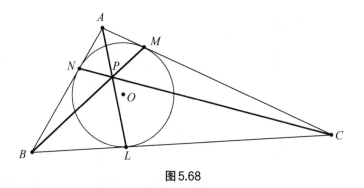

图 5.68

$$\frac{AN}{BN} \cdot \frac{BL}{CL} \cdot \frac{CM}{AM} = 1$$

由切瓦定理(参见第5.25节)得,*AL*、*BM*和*CN*共点。这个点就是△*ABC*的热尔岗点。

多么精巧又(相对)简单!不过这又是一个不太出名的事实。这些容易理解的关系给几何学带来了乐趣。

5.27　欧拉多面体

　　我们在日常的来来往往中常常看到各种几何形状。欧拉在18世纪发现，多面体（它们是基本几何体）的顶点数、面数和边数之间，存在着一种可爱的联系。

　　作为开始，你可以让学生们找到各种各样的多面体，并数出它们的顶点数（V）、面数（F）和边数（E），为这些数值列出一张表格，然后从中去寻找模式。他们应该会发现，对于所有这些图形，以下关系都成立：$V+F=E+2$。

　　在正方体中，这一关系是成立的，因为8+6=12+2。

　　如果我们用一个平面去切割多面体（例如这里是一个立方体）的一个三面角的所有边，那么我们就把这个多面体的一个顶点与其他顶点分开了（如图5.69）。不过在这个过程中，我们给这个多面体增加了一个面、三条边和两个新顶点。如果V增加了2，F增加了1，而E增加了3，那么$V-E+F$仍然保持不变。也就是说，$V+F=(8+2)+(6+1)=(12+3)+2=E+2$。

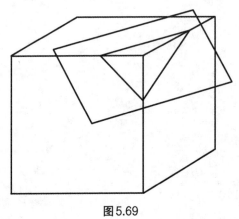

图5.69

　　对于任意多面角，我们都会得到类似的结论。新的多面体会有一个顶点数和边数相同的新面。我们失去了一个顶点，但是增加了一个面，因此$V-E+F$这个表达式的值不发生任何变化。

　　我们知道欧拉公式适用于四面体（"截取的金字塔"：$V+F=E+2$在这里是4+4=6+2）。由以上的论证，我们可以得出结论：对于有限次地用一个平面去切割一个四面体的一个顶角后所得的任何多面体，这个公式都成立。不过,我们想要将它应用于一切简单多面体。在下面的证明过程中,我们需要揭示,对于表达式$V-E+F$的值,任何多面体都与四面体一致。为此,我们需要讨论一个新的数学分支,其名称为拓扑学。

拓扑学是一种很常见的几何类型。欧拉公式的建立就是一个拓扑学问题。如果一个图形通过扭曲、收缩、拉伸或弯曲,但是不能切割或撕裂,结果能够与另一个图形一致,那么这两个图形就是拓扑等价的。一个茶杯和一个甜甜圈就是拓扑等价的。甜甜圈中间的那个洞可以变成茶杯把手内侧的洞。让学生提出一些其他拓扑等价的物体的例子。

拓扑学曾经被称为"橡胶板几何"。如果移除一个多面体的一个面,那么余下的图形就拓扑等价于平面上的一个区域。我们可以将这个图形不断地变形,直到它展平在一个平面上为止。结果得到的图形具有不同的形状或尺寸,不过它的边界线都保留了下来。多面体的各边会变成多边形区域的各边。这个平面图形的边数和顶点数会与多面体相同。除了被移除的那个面以外,多面体的每个面都会成为平面上的一个多边形区域。每个非三角形的多边形都可以通过画对角线而被切割成数个三角形或者三角形区域。每画出一条对角线,我们就将边数增加了1,不过我们也将面数增加了1。因此,$V-E+F$的值并未改变。

在整个区域外边沿上的那些三角形,要么有一条边在这个区域的边界上,如图5.70中的$\triangle ABC$,要么有两条边在边界上,如$\triangle DEF$。我们可以通过移除一条边界上的边来移除像$\triangle ABC$这样的三角形。在这幅图中,就

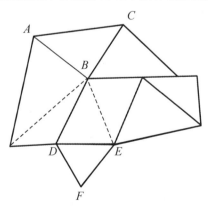

图5.70

是AC。这将面数减少了1，边数也减少了1。照旧，$V-E+F$保持不变。如果我们移除另一种类型的边界三角形，比如说$\triangle DEF$，那么我们就将边数减少了2，面数减少了1，顶点数也减少了1。同样，$V-E+F$还是不变。这个过程可以一直持续下去，直到只剩下一个三角形为止。

这个单个的三角形有3个顶点、3条边和1个面。因此，$V-E+F=1$。因此，将一个多面体通过变形而得到的平面图形中，$V-E+F=1$。因为有一个面已被移除，所以我们得到的结论是，对于多面体有

$$V-E+F = 2$$

这个过程适用于任何简单多面体，即使对非凸多面体也适用。你看得出它为什么不能应用于非简单多面体[①]吗？

在一个面被移除后，还有另一种方法可以将多面体变形为一个平面，这种方法可以称为"将一个面收缩成一个点"。如果一个面被一个点取代，那么我们就失去了这个面的n条边和这个面的n个顶点，并且我们失去了1个面而增加了1个顶点（即取代这个面的那个点）。这就使得$V-E+F$仍然保持不变。这个过程可以一直持续下去，直到只剩下4个面为止。于是，对于表达式$V-E+F$的值，任何多面体都与四面体一致。四面体具有4个面、4个顶点和6条边，这就给出：4-6+4=2。

本节内容会为学生们提供对于三维几何形状的丰富见解。

---

① 如果一个多面体没有"洞"就称为简单多面体，而有"洞"的多面体就是非简单多面体。——译注

第6章 数学悖论

  数学中的悖论或者谬误,常常都是因违反某条数学规则或数学定律而导致的结果。这使得这些悖论成为说明这些规则的优秀载体,因为它们的违规导致了某些相当"奇异"的结果,比如说1=2,或1=0,简直荒谬!它们显然具有娱乐性,因为它们非常微妙地将学生引向一个不可能的结论。通向这个怪异结果的每一步看起来似乎都是正确的,这个事实常常令学生倍感困扰。这相当具有激励作用,并且会使结论令人印象深刻得多。

  同样,这也是探究数学边界的一个良好资源。为什么不允许除以0?为什么根式的乘积并不总是等于乘积的根式?这只是本章充满乐趣的探究内容中的几个问题。揭示这些"滑稽"的结果很有乐趣,而且它们具有很高的教学价值。学生们并不会动辄就去违反导致其中一些谬误的那些规则,不过这些谬误通常都会产生持久的印象。

6.1 一切数都相等吗

拥有迷人内容的这一节的标题显然是荒谬可笑的!不过从下面的范例中你会看到,情况也许并非如此。逐行展示这个范例,然后让学生得出他们自己的结论。

我们会从一个很容易被接受的等式开始:

$$\frac{x-1}{x-1} = 1$$

接下去的每一行都可以很容易地用初等代数来说明。代数方面没有任何错误。看看你的学生们是否能够找出其中的漏洞。

	当$x=1$时
$\frac{x-1}{x-1} = 1$	$\frac{0}{0} = 1$
$\frac{x^2-1}{x-1} = x + 1$	$\frac{0}{0} = 1 + 1 = 2$
$\frac{x^3-1}{x-1} = x^2 + x + 1$	$\frac{0}{0} = 1 + 1 + 1 = 3$
$\frac{x^4-1}{x-1} = x^3 + x^2 + x + 1$	$\frac{0}{0} = 1 + 1 + 1 + 1 = 4$
$\vdots$	$\vdots$
$\frac{x^n-1}{x-1} = x^{n-1} + x^{n-2} + \cdots + x^2 + x + 1$	$\frac{0}{0} = 1 + 1 + 1 + \cdots + 1 = n$

当$x=1$时,$1,2,3,4,\cdots,n$这些数中的每一个都等于$\frac{0}{0}$,这就导致它们全都彼此相等。当然,这不可能是正确的。出于这个原因,我们定义$\frac{0}{0}$是无意义的。在数学中,为了避免一些荒谬的陈述,我们会作出一些定义,从而使事情有意义或不产生矛盾,正如这里的情况所表明的。在结束本节之前,请一定要向学生强调这一点。

6.2 −1不等于+1

你的学生应该知道 $\sqrt{6} = \sqrt{2} \cdot \sqrt{3}$,于是他们可能会推断 $\sqrt{ab} = \sqrt{a} \cdot \sqrt{b}$ 。

由此,让你的学生们相乘并化简: $\sqrt{-1} \cdot \sqrt{-1}$ 。

有些学生会以如下计算来化简这个表达式: $\sqrt{-1} \cdot \sqrt{-1} = \sqrt{(-1)(-1)} = \sqrt{+1} = 1$ 。

其他学生则可能会以如下计算来满足同样的要求: $\sqrt{-1} \cdot \sqrt{-1} = (\sqrt{-1})^2 = -1$ 。

如果这两组学生都是正确的,那么这就意味着1=−1,因为两者都等于 $\sqrt{-1} \cdot \sqrt{-1}$ 。显然,这不可能是正确的!

可能是哪里出了错?又一次,当我们违反一条数学规则时,就出现了一个"谬误"。这里(出于一些显而易见的原因)我们定义 a 和 b 中至少有一个是非负数时, $\sqrt{ab} = \sqrt{a} \cdot \sqrt{b}$ 才成立。这就意味着按照 $\sqrt{-1} \cdot \sqrt{-1} = \sqrt{(-1)(-1)} = \sqrt{+1} = 1$ 进行计算的第一组学生错了。

6.3 不可除以0

每一位数学教师都知道除以0是被禁止的。事实上,在数学戒律的清单上,这一点高居榜首。不过,为什么不允许除以0呢?数学王国里的万事万物都整齐地各就各位,我们对数学中的秩序和美丽引以为傲。当某件可能破坏这种秩序的事情出现时,我们就直接作出规定以适应我们的需要。这恰恰就是面对除以0的情况时发生的事情。通过解释为什么要提出这些"规则",你会让学生对于数学的本质产生一种深入得多的洞察。因此让我们来为这条戒律赋予某种意义。

考虑 $\frac{n}{0}$ 的商,其中$n\neq0$。在不承认那条除以0的戒律的情况下,让我们推测(也就是猜想)这个商可能等于什么。让我们假设它为p。在这种情况下,我们可以通过乘法$0\cdot p$,看它是否等于n来进行检验,因为这就是除法运算正确时应得到的结果。因为$0\cdot p=0$,我们知道$0\cdot p\neq n$。因此,不管商p取什么值都不能够使这道除法成立。出于这个原因,我们规定禁止除以0。

还有一个更令人信服的例子让我们要去规定禁止除以0,那就是向学生展示这会导致与一个已被接受的事实产生矛盾,这个事实就是$1\neq2$。我们会向他们展示,如果除以0能被接受,那么就会得到1=2,这显然是一个谬误!

这里是对1=2的"证明":

令$a=b$

于是$a^2=ab$ （两边都乘以a）

$a^2-b^2 = ab-b^2$ （两边都减去b^2）

$(a-b)(a+b)= b(a-b)$ （因式分解）

$a+b=b$ （两边都除以$(a-b)$）

$2b=b$ （用b代替a）

$2=1$ （两边都除以b）

在除以$(a-b)$那一步中,我们实际上是在除以0,这是因为$a=b$,所以$a-b=0$。这最终使我们得出了一个荒谬的结果,从而令我们别无选择,只能禁止除以0。花点时间向你的学生解释关于除以0的这一规定,他们对数学的理解就会深入得多。

6.4 一切三角形都是等腰三角形吗

我们这个时代最伟大的数学家之一波利亚①说过："几何是对不正确的图形进行正确推理的科学。"我们接下去会揭示,基于一些"不正确"的图形而得出的一些结论,会引导我们得出不可能的结果。甚至可以说,这些谬论的陈述听起来都很荒唐。不过,学生们会发现,检验某件荒谬事情的过程既有可能令人困扰,也有可能令人着迷,这取决于教师所采用的手法。不管怎样,请关注以下"证明"的每一条陈述,看看你是否能够觉察出其中的错误。产生这个谬误的基础是欧几里得撰写的《几何原本》中缺乏一条定义,因此也就无法避免了。

谬误陈述:任何不等边三角形(即三条边互不相等的三角形)都是等腰三角形(即有两条边相等的三角形)。

为了证明不等边 $\triangle ABC$ 是等腰的,我们必须画几条辅助线。作 $\angle C$ 的平分线和 AB 的垂直平分线,从它们的交点 G 作 AC 和 CB 的垂线,与它们分别相交于点 D 和点 F。

应该注意的是,对于各种不等边三角形,以上描述存在下列四种可能情况。

图 6.1, CG 和 GE 相交于三角形内部。

图 6.2, CG 和 GE 相交在边 AB 上。

图 6.3, CG 和 GE 相交于三角形外部,而垂足 D 和 F 在边 AC 和 CB 上。

图 6.4, CG 和 GE 相交于三角形外部,且垂足 D 和 F 也在三角形外部。

对这一谬论的"证明"可以用这些图中的任意一幅来进行。用这些图中的任意一幅(或者全部)来展开以下"证明"。

已知: $\triangle ABC$ 是不等边的。

求证: $AC=BC$ (或者 $\triangle ABC$ 是等腰的)。

---

① 波利亚(George Polya, 1887—1985),匈牙利裔美国数学家和数学教育家,主要研究范围包括复变函数、概率论、数论、数学分析、组合数学等。他长期从事数学教学,对数学思维的一般规律有深入的研究,他在这方面的著作《怎样解题》《数学的发现》和《数学与猜想》等都有中译本。——译注

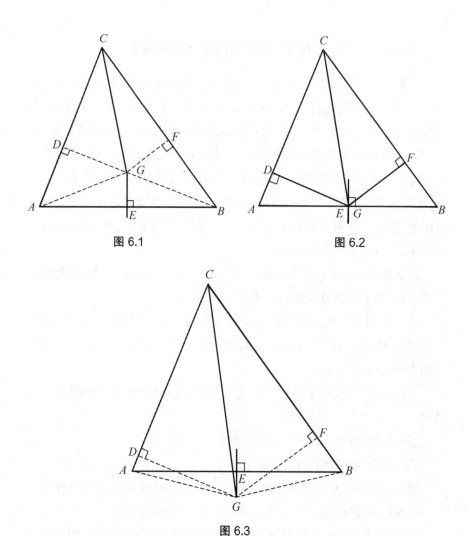

图 6.1

图 6.2

图 6.3

证明：因为∠*ACG*=∠*BCG*，且∠*CDG*=∠*CFG*，所以△*CDG*≌△*CFG*（角角边）。因此，*DG*=*FG*且*CD*=*CF*。因为*AG*=*BG*（一条线段的垂直平分线上一点到该线段两个端点的距离相等），且∠*ADG*和∠*BFG*都是直角，所以△*DAG*≌△*FBG*（斜边直角边）。因此*DA*=*FB*。于是可得*AC*=*BC*（在图6.1—6.3中是相加所得，而在图6.4中是相减所得）。

这个时候，你也许多少会感到有点不安，想知道是在哪里犯了错，结果导致这一谬论的产生。通过精确构图，你会发现在这些图形中存在着一

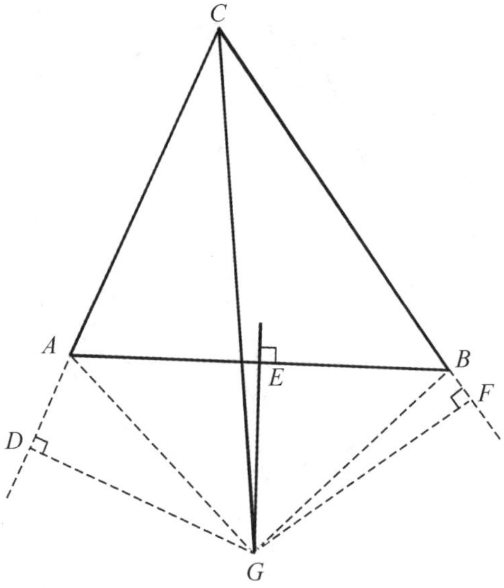

图 6.4

处微妙的谬误:

a. G 点必定在三角形外部。

b. 当两条垂线与三角形的边相交时,其中一个垂足会在一条边的两个顶点之间,而另一个垂足则不然。

如果以欧几里得所常用的术语来表述,那么这个困境就会仍然是一个谜,因为在他的《几何原本》中没有定义两者之间这个概念。在下面的讨论中,我们将证明谬误存在于上述错误的证明之中。我们的证明采用欧几里得的那些方法,但是假设存在一个"两者之间"的定义。

首先来考虑 △ABC 的周长(见图6.5)。

∠ACB 的平分线必定包含 $\overset{\frown}{AB}$ 的中点 G(因为∠ACG 和∠BCG 是相等的圆心角)。线段 AB 的垂直平分线必定平分 $\overset{\frown}{AB}$,因此也就必定通过点 G。于是,∠ACB 的平分线和线段 AB 的垂直平分线在三角形外部相交于点 G。这就排除了图6.1和6.2中所表明的这两种情况。

现在来考虑圆内接四边形 $ACBG$。因为一个圆内接四边形(或圆外切四边形)的两个对角互补,所以∠CAG+∠CBG=180°。如果∠CAG 和∠CBG 都是直角,那么 CG 就会是一条直径,而 △ABC 就会是等腰的。因此,既然

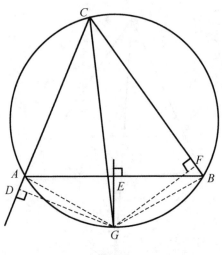

图 6.5

△ABC 是不等边三角形,那么∠CAG 和∠CBG 就都不是直角。在这种情况下,其中一个角必定是锐角,而另一个角必定是钝角。假设∠CBG 是锐角,∠CAG 是钝角。那么在△CBG 中,CB 上的高必定在三角形的内部,而在△CAG 中,AC 上的高必定在三角形的外部。(这一点通常都是不加证明就被欣然接受的,不过也很容易对其加以证明。)这两条垂线中有且仅有一条与三角形的一边相交于两个顶点之间,这一事实摧毁了这个谬误的"证明"。

以上对这条著名的几何谬论进行了相当彻底的讨论,这为教师如何更好地向班里学生阐明这条谬论提供了许多选择。要用一种具有娱乐性的方式来加以讲解,但具体论述必须按特定的班级量身定做。有些班级可能会要求得到一个严格的证明,而另一些班级则会满足于一个不那么正规的解释。

6.5 一个无穷级数谬论

这里有一个会让许多学生感到有些迷惑的问题,你也许忍不住想要向学生展示。不过其"答案"有点微妙,可能会使一些学生难以理解。

如果不考虑收敛级数[1]的概念,我们就会陷入以下困境。

令

$$S = 1-1+1-1+1-1+1-1+\cdots$$
$$= (1-1)+(1-1)+(1-1)+(1-1)+\cdots$$
$$= 0+0+0+0+\cdots$$
$$= 0$$

不过,如果我们用另一种方式对其进行分组,就会得到下式:

令

$$S = 1-1+1-1+1-1+1-1+\cdots$$
$$= 1-(1-1)-(1-1)-(1-1)-\cdots$$
$$= 1-0-0-0-\cdots$$
$$= 1$$

因此,既然 $S=1$ 且 $S=0$,这就意味着 $1=0$。这一论证过程出了什么错?

如果这还不够让你心烦,那么请考虑下面这个论证过程。

令

$$S = 1+2+4+8+16+32+64+\cdots \qquad (1)$$

这里的 S 显然是正的。

又

$$S-1 = 2+4+8+16+32+64+\cdots \qquad (2)$$

现在,将(1)的两边乘以 2,我们就得到

$$2S = 2+4+8+16+32+64+\cdots \qquad (3)$$

---

① 用简单的话来说,如果一个级数看起来似乎在接近某一个特定的有限和,那么这个级数收敛。例如,$1+\frac{1}{2}+\frac{1}{4}+\frac{1}{8}+\frac{1}{16}+\frac{1}{32}+\cdots$ 这个级数收敛于 2,而 $1+\frac{1}{2}+\frac{1}{3}+\frac{1}{4}+\frac{1}{5}+\frac{1}{6}+\cdots$ 这个级数则不收敛于任何有限和,而是会无限增长下去。——原注

将(2)代入(3),就有

$$2S = S-1$$

从这个式子我们可以得出$S=-1$。

这就会使我们得到-1是正数的结论,因为我们早先已确定S是正数。学生该如何理解这个怪异的结果?

让他们回过头去看看是否犯过什么明显的差错。事实上,这里的漏洞与收敛有关。

为了澄清最后这个谬论,你也许会想让学生去与一列收敛级数的以下正确形式相比较:

令

$$S = 1+\frac{1}{2}+\frac{1}{4}+\frac{1}{8}+\frac{1}{16}+\cdots$$

于是我们就得到

$$2S = 2+1+\frac{1}{2}+\frac{1}{4}+\frac{1}{8}+\frac{1}{16}+\cdots$$

因此$2S=2+S$,从而$S=2$,这是正确的结论。其中的差别就在于收敛级数的概念,以上最后一例就是这种收敛的情况。对于一列发散级数,我们在上文中的做法是不被允许的。

6.6　虚假无用的页边

当你在一本地图册中搜寻一个城镇，而它"刚刚超出该页地图的范围"时，你不得不翻到下一页，你是否曾经因为这样的情况感到沮丧？大多数这样的地图册为了显得好看而在每页的地图周围都设置一圈页边。你是否曾经想了解这些页边占据了多大面积？

学生们在发现这个答案后很可能会顿觉大开眼界，不过更重要的是，这会让他们对于自己周围的数量世界更加留心。让我们来考虑一本规格为8英寸乘以10英寸的地图册。一条适当的页边宽度会是 $\frac{1}{2}$ 英寸，且不会太扎眼。让我们来看看这种情况（见图6.6）。

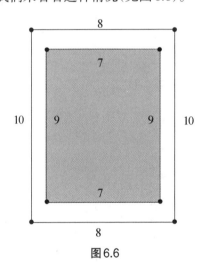

图6.6

整个页面的面积是80平方英寸，而地图所占面积是63平方英寸。因此，页边区域的面积就是80-63=17平方英寸。这恰好等于

$$\frac{17}{80} = 0.2125 = 21.25\%$$

或者说超过页面面积的五分之一！如果这些"无用"的边界没有占据这本地图册20%以上的面积，那岂不是很好？那么地图册就可以有更少的页数，甚至可能有更低的价格。不过最重要的是，你不必翻过一页才能找到那个恰好被页边切掉的城镇。

这里的本质问题是要让学生们去留心自己周围的数量世界。在日常生活中有许多例子都能引发这种惊奇。

6.7　令人迷惑的悖论

讨论悖论是很有乐趣的,而且这些悖论中常常会包含某条非常重要的信息。通过这项娱乐会学到许多东西。

这里有几个悖论,它们会让你思考某些事情,而且一开始会令你的学生感到困惑。当困难出现的时候,先让他们仔细考虑,然后再启发他们。

$$2磅 = 32盎司$$

$$\frac{1}{2}磅 = 8盎司$$

将这两个等式相乘:

$$\left(2 \times \frac{1}{2}\right)磅 = (32 \times 8)盎司$$

或者

$$1磅 = 256盎司!$$

这个悖论的关键在于:这里的两个单位没有得到恰当的处理,用下面这个例子可以给出最佳的回答:

$$2英尺 = 24英寸$$

$$\frac{1}{2}英尺 = 6英寸$$

通过相乘,我们得到

$$1平方英尺 = 144平方英寸$$

另一个悖论如下:

$$1 \times 0 = 2 \times 0$$

而我们知道

$$0 = 0$$

将这两个等式相除,我们就得到

$$1 = 2$$

当然,在这里我们看到了那条熟悉的法则,即不允许除以零的那条法则被违反了,于是导致我们得到了一个荒谬的结果。

学生们应该对这些悖论中携带的每一条信息都保持清晰的认识。

6.8 一个三角学谬论

三角学的基础是勾股定理。在三角学中,勾股定理常常表现为 $\cos^2 x + \sin^2 x = 1$ 的形式。学生们应该知道,如果一个直角三角形的三边长为 $\cos x$、$\sin x$ 和 1,那么这些三角函数适用,并且由勾股定理给出 $\cos^2 x + \sin^2 x = 1$。

由此,我们可以证明4=0。我们认为学生知道这不可能是正确的。因此要由他们来找出其中所犯的错。在他们看完本节内容前,不要揭晓答案。

勾股恒等式可以写成

$$\cos^2 x = 1 - \sin^2 x$$

如果他们将这个等式的两边取平方根,就会得到

$$\cos x = (1 - \sin^2 x)^{\frac{1}{2}}$$

让他们将等式两边都加1,就得到

$$1 + \cos x = 1 + (1 - \sin^2 x)^{\frac{1}{2}}$$

然后让他们再将两边平方:

$$(1 + \cos x)^2 = \left[1 + (1 - \sin^2 x)^{\frac{1}{2}} \right]^2$$

让他们求出当 $x = 180°$ 时上式的值:

$$\cos 180° = -1 \qquad 且 \qquad \sin 180° = 0$$

将这两个值代入上面这个等式,他们就得到

$$(1 - 1)^2 = \left[1 + (1 - 0)^{\frac{1}{2}} \right]^2$$

于是

$$0 = (1 + 1)^2 = 4$$

既然 $0 \neq 4$,那么其中必定有误。错在哪里?这里有一个暗示你可以用来提醒他们:

当 $x^2 = p^2$ 时,有 $x = +p$ 和 $x = -p$。

学生们应该意识到,一个二次方程式必定有两个根。有时候会根据具体情况舍去一个根,因为这个根也许会导致一个荒谬的结果。

6.9 理解极限

极限的概念不容小觑。这是一个非常复杂的概念,很容易被曲解。有些时候,围绕这个概念的问题相当微妙。误解这些问题会导致一些怪异的(或者幽默的,这取决于你的看法)情况。用下面两个例证可以很好地展示这一点。分别考虑它们,然后再注意它们之间的关系。

例证1:很容易看出,图6.7中的这些粗线段("台阶")的长度之和等于$a+b$。

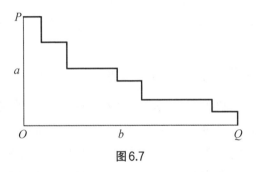

图6.7

通过将所有横线段和所有竖线段相加,可以求出这些粗线段("台阶")之和为$a+b$。如果台阶数量增加,其和仍然是$a+b$。当我们将台阶数量增加到一个"极限",从而使这组台阶看起来像是一条直线(在本例中就是$\triangle POQ$的斜边)时,困惑出现了。这时PQ的长度似乎应是$a+b$。不过根据勾股定理,我们知道$PQ=\sqrt{a^2+b^2}$ 而不是$a+b$。那么错在哪里?

哪里都没错!尽管由这些台阶构成的这个集合确实越来越接近直线段PQ,但(水平和竖直)粗线段长度之和却并不因此就接近PQ的长度,这与直觉相悖。这里并不存在矛盾,只是我们的直觉部分失灵了。

"解释"这一困惑的另外一种方式是作如下论证。随着这些台阶变得越来越小,它们的数量却在增加。在极端情况下,我们将(这些台阶的)长度几乎为零的高度和宽度累加无限多次,这就导致我们要考虑$0×∞$,而这是没有意义的!

以下例子中出现了一种类似的情景。

例证2:在图6.8中,一些较小的半圆从较大半圆直径的一端延伸到

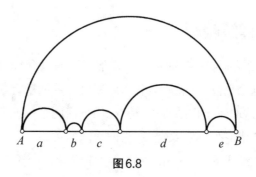

图6.8

另一端。

很容易证明,这些较小半圆的弧长之和等于较大半圆的弧长。也就是说,这些较小半圆之和

$$= \frac{\pi a}{2} + \frac{\pi b}{2} + \frac{\pi c}{2} + \frac{\pi d}{2} + \frac{\pi e}{2} = \frac{\pi}{2}(a+b+c+d+e) = \frac{\pi}{2}(AB)$$

这就是较大半圆的弧长。这"看起来"也许不像是真的,不过事实如此!实际上,当我们增加较小半圆的数量时(这时它们当然变得更小),这个弧长之和"看起来"像是在接近线段AB的长度,不过事实并非如此!

同样,由这些半圆构成的这个集合确实越来越接近直线段AB。不过,这并不意味着这些半圆之和也在接近这个极限(在本例中就是AB)的长度。

这个"表观极限和"是荒谬的,因为点A和点B之间的最短距离是线段AB的长度,而不是弧AB的长度(它等于这些较小半圆之和)。这是一个要向学生讲解的重要概念,最好是使用这些能激发兴趣的示例,这样就可以避免在今后发生曲解。

第7章　计数与概率

　　当今世界,在期望年轻人接受数学教育的过程中要学会的知识里,那些数学上高度发展的计数方法正在成为一个重要方面。此外,有关概率的那些概念正在以前所未有的程度被归入课程之中。这两者都具有趣味性的一面。这正是我们在本章要体验的。

　　例如,你知道一个月的13日最有可能落在星期五,或者你曾考虑过你班里两个人生日相同的概率吗?也许几年前最有争议的讨论主题之一是,参加"让我们来做笔交易"这个电视节目的参赛者应该采取的理想策略是什么。这些只是本章讨论的论题中的几个。这一章简短扼要又轻松愉快,并且我们希望它具有趣味性。

7.1　星期五是13日

13常常被联想为一个不吉利的数字。在高于13层的那些建筑物中，典型做法是在楼层数中不设第13层。在电梯中立即就能注意到这种现象，有时候电梯里没有13这个按钮。你可以让你的学生提供13这个数字与坏运气相联系的其他一些例子。他们应该会碰巧想到当一个月的13日出现在星期五的那种情况，那就尤其糟糕了。这可能是源于有*13*个人出席了那次最后的晚餐，其结果导致耶稣在一个星期五被钉上了十字架。

问一下你的学生，他们是否认为13日出现在星期五的可能性，与出现在一个星期中其他日子的可能性相等。他们会对答案感到震惊的，你瞧，13出现在星期五的频率比出现在一个星期中任何其他日子的频率都要高。

这个事实首先是由布朗(B. H. Brown)发表的[1]。他声称，公历遵循一种闰年模式，每400年重复一次。一个4年周期中的天数是3×365+366。因此，在400年中共有100×(3×365+366)−3=146 097天。请注意：凡是不能被400整除的世纪年都不是闰年，因此要减去3。这个总天数恰好能被7整除。因为在400的周期中共有4800个月，根据下面这张表格，13日共出现4800次。非常有意思的是，13日出现在星期五的频率比出现在一个星期中任何其他日子的频率都要高。学生们也许会想要考虑如何做才能验证这一点。

星期	13日的天数	百分比
星期日	687	14.313
星期一	685	14.271
星期二	685	14.271
星期三	687	14.313
星期四	684	14.250
星期五	*688*	*14.333*
星期六	684	14.250

---

[1]《题目E36的解答》，《美国数学月刊》(*American Mathematical Monthly*)，第40卷，1933年，第607页。——原注

7.2 三思而后计数

很多时候,一道题目给出的情况看起来如此简单,以至于我们未及首先思考一下要采用的策略,就一头冲了进去。与经过一点预先思考后得到的解答相比,这种鲁莽地开始解题的做法所得到的解答常常不那么巧妙。这里有两个简单的例题,在计算前先对其加以思考,可以让它们变得愈发简单。

求出相加之和等于999的所有素数对。

许多学生会首先取一张素数的清单,然后尝试各种不同的数对,来看把它们相加之后的和会不会是999。这种做法显然非常枯燥乏味,也很耗费时间,而且学生们永远都不能非常确定自己是否已经考虑了所有的素数对。

让我们采用某种逻辑推理来解答这道题目。为了得到两个数(素数或非素数)的奇数和,那么其中恰好只有一个数必须是偶数。既然偶素数只有一个,也就是2,那么就只有一对素数的和可能等于999,而这对素数就是2和997。现在,这道题目看起来如此简单。

下面的第二道题目说明了预先计划或者某种有序思考行之有理,题目如下:

一个回文数是指一个正向和反向读起来都一样的数,例如747或1991。在1到1000之间(包括1和1000在内)共有多少个回文数?

这道题目的传统做法是试图写出1到1000之间的所有数,然后看其中哪些是回文数。不过,这充其量只是一项繁琐而又费时的任务,而且你很容易会忽略掉其中的一些。

让我们来看看是否能够寻找一种模式,从而用一种比较直接的方式去解答这道题目。

因此这里存在着一种模式。在(99之后的)每组100个数中,都恰好有10个回文数。因此,就会有9组10个,或者说90个,再加上从1到99这些数中的18个,于是在1到1000之间总共有108个回文数。

这道题目的另一种解法会涉及用一种有利的方式来组织数据。考虑

范围	回文数的数量	总数
1—9	9	9
10—99	9	18
100—199	10	28
200—299	10	38
300—399	10	48
⋮	⋮	⋮

所有的一位数(即自回文数),其数量为9。两位回文数(两位数字相同)的数量也是9。三位回文数具有9种可能的"外侧数字"和10种可能的"中间数字",因此共有90个这样的数。总计在1到1000之间(包括1和1000在内)共有108个回文数。

聪明的计数方法常常会使运算容易得多。箴言是:先想想,然后再开始求解!

7.3 没有价值的增长

向你的学生提出以下情况。

假设你有一份工作，你得到了10%的加薪。由于生意不景气，老板很快又被迫给你减薪10%。你会回到你开始时的薪水吗？

答案是清晰响亮的（也是非常令人惊奇的）：不会！

告诉学生的这个小故事相当令人困惑，因为你会预期，在经过相同百分比的上升和下降后，你就应该回到开始的薪水数。这是直觉思维，但却是错的。让学生们通过选择一定数量的钱，并设法完成以下步骤，从而使他们自己确信这一点。

以100美元为起点。在100美元的基础上计算10%的增长，得到110美元。现在从这110美元中减去10%，得到99美元——比最初的金额少了1美元。

学生们也许会感到疑惑，如果先计算10%的减少，然后计算10%的增长，结果会不会有所不同。同样采用100美元为基数，我们首先计算10%的减少，得到90美元。然后增加10%，得到99美元，这跟前面的情况相同。因此顺序显然对此不起作用。

一个赌徒可能会面临一种类似的、具有欺骗误导性的情形。让你的学生考虑以下情况。他们也许甚至会想要同一位朋友一起来模拟这种情况，来看看他们的直觉是否经得起考验。

你得到一个机会去参加一次赌博。规则很简单。有100张牌正面朝下。其中有55张牌上写着"赢"，还有45张牌上写着"输"。你一开始有10 000美元赌注。你必须为每张翻开的牌投注你当时所有的钱的一半，而你是赢得还是输掉这笔钱，则基于这张牌面上的字。这场赌局结束时，所有牌都被翻开。你到赌局结束时还有多少钱？

上文所述的原理同样也适用于此处。显而易见，你赢的次数会比输的次数多10次，因此看起来你似乎最终会有超过10 000美元。显而易见的事情常常是错误的，这就是一个很好的例子。让我们假设你在第一张牌上赢了，这时你有15 000美元。接着，你又在第二张牌上输了，这时你

有7500美元。如果你是先输后赢,你也还是会有7500美元。因此你每次一赢一输,都会损失四分之一的钱。因此你最终还有

$$10\,000 \times \left(\frac{3}{4}\right)^{45} \times \left(\frac{3}{2}\right)^{10}$$

把这笔钱舍入到分就是1.38美元。感到意外吗?你从你的学生那里可能会得到怎样的反应?

7.4 生日配对

这一节呈现的是数学中最令人惊奇的结果之一。你应该尽可能以最具戏剧效果的方式来向你班里的学生介绍这个内容。本节内容会让学生转而信仰概率论,这是其他任何例子都无法企及的,因为它能极大地与学生的直觉作斗争。

让我们假设你的班里大约有35个学生。首先问班里的学生,他们认为在他们这三十多个同学构成的班级中,两位同学生日的日期(只是月和日)相同的概率(或者说可能性)有多大。学生通常一开始会想,在一个365天(假设不是闰年)构成的集合中,两个人具有相同日期的可能性,也许是 $\frac{2}{365}$?

让他们考虑由美国前35位总统构成的这个"随机"选择的群体。他们也许会因为其中有两位总统生日相同感到惊异:

第11位总统,波尔克(James K. Polk),1795年11月2日。

第29位总统,哈定(Warren G. Harding),1865年11月2日。

如果班里的学生获悉对于一个35人构成的群体来说,其中两位成员具有相同生日的概率大于 $\frac{8}{10}$,或者说80%,那么他们很可能会感到意外。

学生也许会想要走访附近的10个教室,去检查生日配对情况,以进行他们自己的实验。对于由30人构成的群体而言,存在一对生日日期相同的概率大于 $\frac{7}{10}$,或者说,在这10个教室里应该有7个教室存在生日日期相同的情况。是什么导致了这一难以置信又出乎意料的结果?这可能是真的吗?它看起来似乎与我们的直觉相抵触。

为了消除学生的好奇心,请按照以下步骤引导他们:

首先问他们,某一个选定的学生与他自己的生日日期相同的概率是多大?显而易见,答案是必然,或者说是1。这可以写成 $\frac{365}{365}$。

另一个学生与这第一个学生生日不相同的概率是

$$\frac{365-1}{365} = \frac{364}{365}$$

第三个学生与第一个、第二个学生生日都不相同的概率是

$$\frac{365-2}{365} = \frac{363}{365}$$

全部35个学生生日都不相同的概率等于这些概率的乘积：

$$q = \frac{365}{365} \times \frac{365-1}{365} \times \frac{365-2}{365} \times \cdots \times \frac{365-34}{365}$$

因为这个群体中两个学生生日要么相同（概率p），要么不相同（概率q），这是一件必然的事情，那么这两个概率之和就必定等于1。于是$p+q=1$。

因此对于我们的情况，有

$$p = 1 - \frac{365}{365} \times \frac{365-1}{365} \times \frac{365-2}{365} \times \cdots \times \frac{365-33}{365} \times \frac{365-34}{365}$$

$$\approx 0.814\,383\,238\,874\,715\,2$$

换言之，在一个由随机选择构成的35人的群体中，存在一对生日日期相同情况的概率略大于$\frac{8}{10}$。当我们考虑到有365个日子可供选择时，这是相当出乎意料的。学生也许会想要探究这个概率函数的本质。这里有一些数值可供指导：

群体中的人数	生日日期相同的概率
10	0.116 948 177 711 077 6
15	0.252 901 319 763 686 3
20	0.411 438 383 580 579 9
25	0.568 699 703 969 463 9
30	0.706 316 242 719 268 6
35	0.814 383 238 874 715 2
40	0.891 231 809 817 949 0
45	0.940 975 899 465 774 9
50	0.970 373 579 577 988 4
55	0.986 262 288 816 446 1
60	0.994 122 660 865 348 0
65	0.997 683 107 312 492 1
70	0.999 159 575 965 157 1

学生们应该注意到概率值达到几乎必然的速度有多快。如果一间教室里有大约60个学生,那么这张表格表明,几乎必定(0.99)有两个学生会具有相同的生日日期。

　　如果你用前35位总统的去世日期来做这个实验,那么你就会注意到其中有两位的去世日期都是3月8日,他们是1874年去世的菲尔莫尔(Millard Fillmore)和1930年去世的塔夫脱(William H. Taft);还有三位的去世日期都是7月4日,他们是1826年去世的亚当斯(John Adams)和杰斐逊(Thomas Jefferson),以及1831年去世的门罗(James Monroe)。

　　最重要的是,这一令人诧异的范例应该起到大开眼界的作用,让我们认识到完全依赖于直觉是不可取的。

计
数
与

概　第
率　7
章

229

7.5 日历异趣

日历具有许多趣味性的理念,这些理念能够用来激发学生对于数学的兴趣——或者至少可以用来探索一些数的关系。

考虑任意一页月历,比如说2002年10月那一页。

星期日	星期一	星期二	星期三	星期四	星期五	星期六
		1	2	3	4	5
6	7	8	9	10	11	12
13	14	15	16	17	18	19
20	21	22	23	24	25	26
27	28	29	30	31		

让学生们在日历上选择任意9个日期构成的一个(3×3)方阵。我们选择上面这几个用阴影显示的日期。让学生将阴影区域中的最小数加上8,然后再乘以9:

$$(9+8)\times9 = 153$$

然后让学生们将阴影方阵的中间一行数字之和(51)乘以3。吃惊吧!结果和先前得到的那个答案一样,都是153。但是为什么会这样?这里有一些线索:中间的那个数是这9个阴影数的平均值,中间一列的3个数之和等于这9个数之和的三分之一。学生们的探究会取得良好的结果。

既然你的学生已经对日历有所欣赏,那么问问他们,4/4[①]、6/6、8/8、10/10、12/12都落在同样的星期几的概率是多少。他们的"下意识反应"多半可能是大约五分之一。错!这个概率是1,也就是必然成立!不过为什么会出现这个令人惊奇的结果?因为它们全都恰好相隔9个星期。这类鲜为人知的事实总是会引起以别样方式难以激发的兴趣。

---

① 4/4代表4月4日,6/6代表6月6日,以此类推。——原注

7.6　蒙提·霍尔问题

"让我们来做笔交易"[1]是一档长盛不衰的电视游戏节目,这档节目以一种提问情境为其特色。一位随机选择的观众走到前台,向他展示3扇门。要求他选择其中一扇门,但愿他选中的是后面有一辆汽车的那扇门,而不是另外两扇之一,那两扇门后面分别有一头驴。这里只有一个难题:在参赛者作出他的选择之后,主持人蒙提·霍尔(Monty Hall)打开了一扇未被选中的门,门内有一头驴(另外两扇门仍然未被打开),并且询问这位观众参与者,他是想要坚持自己原来的选择(这项选择尚未揭晓),还是想要转换成另一扇未打开的门。这个时候,为了提升悬念,其余的观众会用看起来似乎相等的频率大喊"坚持"或者"转换"。问题在于应该怎么办?结果会有所不同吗?如果有不同的话,用哪种策略会比较好(也就是具有更大的赢率)?

你可以让学生们思考一下,他们直觉上认为最佳的策略是什么。大多数人很可能会说,这里不存在任何差别,因为最终你得到这辆汽车的概率都是二分之一。告诉他们,他们错了,然后你面前就会有一群好奇的听众。

现在让我们来逐步地观察这个过程,而结果会逐渐变得清晰。

在这些门的后面有两头驴和一辆汽车。

你必须设法得到这辆汽车。你选择3号门(见图7.1)。

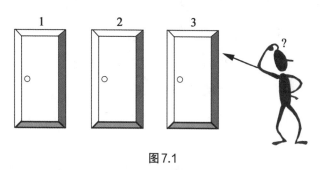

图7.1

---

[1] 参见《不可思议?——有悖直觉的问题及其令人惊叹的解答》一书的第六章"提升赢率",朱利安·哈维尔著,涂泓译,冯承天译校,上海科技教育出版社,2013。——译注

蒙提·霍尔打开了你没有选中的两扇门之一,门后有一头驴(见图7.2)。

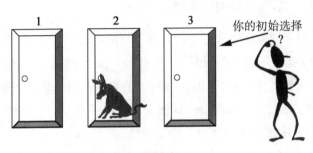

图7.2

他问道:"你仍然想要你首选的那扇门,还是想要转换成另外那扇关着的门?"

为了有助于作出决定,请考虑一种极端情况:

假设有1000扇门,而不仅仅是3扇门(见图7.3)。

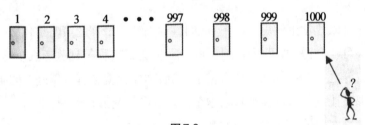

图7.3

你选择第1000号门。你有多大的可能性选对了门?

"可能性很小",因为选对门的概率是 $\frac{1}{1000}$。

这辆汽车在其余这些门中的一扇之后,这种可能性有多大?

"可能性很大", $\frac{999}{1000}$ (见图7.4)。

现在,蒙提·霍尔打开除了一扇门(比如说是1号门)之外的所有门(2—999号门),结果显示每扇门后都有一头驴(见图7.5)。

我们现在已准备好回答这个问题了。哪一种是比较好的选择:

• 1000号门("可能性很小"的门)?

• 1号门("可能性很大"的门)?

现在答案显而易见。我们应该选择那扇"可能性很大"的门,这就意味

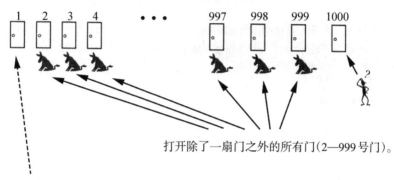

这些是"可能性很大"的门

图7.4

打开除了一扇门之外的所有门（2—999 号门）。

一扇"可能性很大"的门留下未打开：1号门。

图7.5

着"转换"是这位观众参与者的较好策略。

与我们试图分析的3扇门的情况相比,在这种极端情况下看出最佳策略要容易得多。而其原理在两种情况下是相同的。

还有另一种方法来考虑这道题目。考虑下表中所显示的3种情况。

情况	1号门	2号门	3号门
1	汽车	驴	驴
2	驴	汽车	驴
3	驴	驴	汽车

如果你选择的是1号门,那么你得到这辆汽车的概率就是 $\frac{1}{3}$。

蒙提·霍尔打开你未选择的那扇门,并展现出一头驴。在第2和第3种情况下,你应该选择一扇不同的门(只有在第一种情况下,你才应该坚持原来的选择)。换言之,在这三种情况中的两种中,选择转换比较好。因此,你最好在三次中有两次要换门。

你也许想要向你的学生提出,这道题目曾在学术界引起许多争论,它还曾经是《纽约时报》(*New York Times*)和其他一些大众出版物上的一个讨论主题。蒂尔尼(John Tierney)在《纽约时报》(1991年7月21日,星期日)上写道:"也许这只是一个错觉,不过这会儿看起来,盛行于数学家、《大观》(*Parade*)杂志的读者及《让我们来做笔交易》这个电视游戏节目的爱好者之中的这一争论也许终结在望了。从去年9月玛丽莲·沃斯·萨万特(Marilyn vos Savant)在《大观》杂志上发表了一道谜题起,他们就开始了这场争论。正如《玛丽莲答问》(*Ask Marilyn*)专栏的读者们每周都会得到提醒的那样,萨万特女士因拥有'最高智商'而名列吉尼斯世界记录名人堂,不过当她回答了一位读者询问的这个问题时,她的这张证书并没有影响到公众。"她给出了正确的答案,但是仍有许多数学家争论不休。

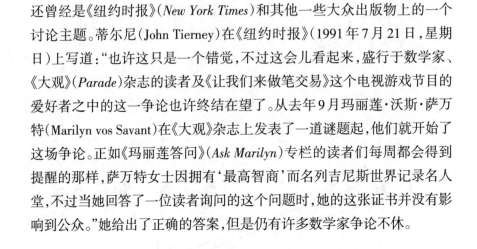

7.7 预期正面和反面

这个可爱的小节会向你展示，某种聪明的推理再加上最基本的代数知识，就会帮助你解答一道看起来似乎"不可能解决的难题"。

让你的学生考虑以下题目。

你坐在一间黑暗的屋子里的一张桌子旁边。桌子上有12枚硬币，其中5枚正面朝上，还有7枚反面朝上。(你知道这些硬币在哪里，因此你可以移动或者翻转任何一枚硬币。但是由于屋子里很黑，你不会知道你正在触摸的这枚硬币原来是正面朝上还是反面朝上。)你要将这些硬币分开成两堆(可能要翻转其中的几枚)，以使当灯光亮起的时候，在这两堆硬币中正面朝上的硬币数量相等。

他们的第一反应很可能是："你是在开玩笑吧！怎么可能会有人在看不见哪些硬币是正面朝上或者反面朝上的情况下，就能完成这项任务呢？"这就是一种非常聪明(却又简单到难以置信)的代数应用会成为解题关键的地方。

让我们"直达要害"。你也许确实会想要让你的学生用12枚硬币来尝试一番。你让他们这么做：将这些硬币分成分别为5枚和7枚的两堆。然后把较少的那一堆硬币翻转。现在两堆硬币中就有数量相同的正面朝上的硬币了！就这样！他们会觉得这是一个魔术。这是怎么发生的？好吧，这就是用代数来帮助理解实际上做了什么的地方。

让我们假设当他们分开黑屋子里的这些硬币时，最终会有 h 枚正面朝上的硬币在7枚硬币组成的那一堆里。那么在由5枚硬币组成的另一堆里，就会有 $5-h$ 枚正面朝上和 $5-(5-h)=h$ 枚反面朝上的硬币。当他们把较少的那一堆硬币翻转后，$5-h$ 枚正面朝上的硬币就变成反面朝上，而 h 枚反面朝上的硬币就变成正面朝上了。现在两堆硬币中各有 h 枚正面朝上的硬币！你会得到怎样一种敬畏的回应啊！

第8章　数学集锦

　　所有在本书前7章中找不到恰当位置的论题,都归入本章。我们有这样一个令人愉快的论题构成的集锦,它一定会引起你的学生对数学的兴趣。不要受我们这种安排的影响,我们并不是将比较不重要的那些论题归入最后一章(有些教科书可能会这样做)。情况恰恰相反呢。

　　在这里,你会看到最令人惊异的幻方之一,从它最初出现在丢勒(Albrecht Dürer)的《忧郁 I》(*Melencolia I*)这一版画中讲起,到它所具有的大量特性。这些特性大大超越了那些普通的幻方。你会接触到自然界中的各种数学表现形式,最终你还会见识到几道著名的未解之题(不,不要期待你的学生会解决这些数百年来都没有得到解答的题目)。很有可能,这最后一章会被证明是最有趣味性的一章,因为它似乎涵盖了范围非常广泛的一些主题,其中没有一个主题可以被归类于前7章之中。也许我们原本就应该把这一章安排为第1章!

8.1 数学中的完满

在数学这门大多数人认为一切已经做到完满的学科中,完满是什么?多年以来,我们发现各种各样的作者命名了完满平方、完满数、完满矩形和完满三角形。你可以让学生们试着继续补充这张"完满"的清单。还有什么别的数学事物可以配得上"完满"这个形容词?

先从完满平方开始。这些数是众所周知的:1,4,9,16,25,36,49,64,81,100,…。这些数的算术平方根等于正整数:1,2,3,4,5,6,7,8,9,10,…。

一个**完满数**具有如下性质:这个数的(除了它本身以外的)各因子之和等于它本身。前4个完满数是

6(1+2+3)

28(1+2+4+7+14)

496(1+2+4+8+16+31+62+124+248)

8128(让你的学生找出它的因子和)

古希腊人早已知道这些完满数[尼科马凯斯(Nicomachus)的《算法导论》(*Introductio Arithmeticae*,约公元100年)]。有趣的是,希腊人觉得每一种不同位数的数中,都恰好有一个完满数。前4个完满数看起来符合这种模式,也就是说,在一位数中,唯一的完满数是6,在两位数中只有28,随后496是唯一的三位完满数,而8128则是唯一的四位完满数。尝试让你的学生预测下一个完满数是几位数。毫无疑问,他们会说,必定是一个五位数。此外,如果你让学生对完满数的其他一些性质作推测,那么他们也许会推断,完满数会交替以6或8结尾。

实际上,根本就不存在五位完满数。应该教导学生,在以相对较少的证据进行预测时,要十分谨慎。下一个完满数有八位:33 550 336。然后我们必须大步跳跃到再下一个完满数:8 589 869 056。

在这里,我们还看到对于最后一位交替出现6和8的推测(虽然貌似合理)也是错误的[1]。这是对贸然进行归纳总结的一个很好的教训。

---

[1] 完满数的公式是:如果 2^k-1 是一个素数($k>1$),那么 $2^{k-1}(2^k-1)$ 就是一个偶完满数。——原注

完满矩形的面积在数值上等于其周长。只存在两种完满矩形，即边长为3和6的矩形，以及边长为4和4的矩形。

还有**完满三角形**[①]。它们被定义为面积在数值上等于其周长的三角形。学生们只要简单地将面积公式和周长公式放在等式两边，就能够找出符合这一模式的那些直角三角形。在直角三角形中只有两种符合要求，一种边长是6、8和10，另一种边长是5、12和13。

在非直角三角形中，只有三种的面积在数值上等于其周长，它们是

6，25，29

7，15，20

9，10，17

这三种情况可以用海伦公式来进行验证：

$$面积 = \sqrt{s(s-a)(s-b)(s-c)}$$

其中a、b和c是三角形的三边长，而s则是半周长。

这对我们有什么用？几乎没什么用，只是能让我们欣赏一下数学中的"完满"。应该鼓励学生们去找到其他完满的数学对象。

---

① 参见邦桑圭(M. V. Bonsangue)、甘农(G. E. Gannon)、布克曼(E. Buchman)和格罗斯(N. Gross)的《寻找完满三角形》(*In Search of Perfect Triangles*)，《数学教师》(*The Mathematics Teacher*)，第92卷第1期，1999年1月，第56—61页。——原注

8.2 美丽的幻方

有整本整本的书介绍形形色色的幻方[①]。不过,有一个幻方却在其中脱颖而出,这是由于它的来源,以及它所具有的许多特质已经超越了一个数字方阵成为幻方所要满足的条件。我们接触到这个幻方居然是通过艺术作品而不是通过那些寻常的数学渠道。它被描绘在1514年由丢勒创作的著名版画的背景中(见图8.1),这位德国著名艺术家当时居住在德国的纽伦堡。

图8.1

---

① 参见本森(W. H. Benson)和雅各比(O. Jacoby)的《幻方新消遣》(*New Recreations with Magic Squares*, New York: Dover, 1976)及安德鲁斯(W. S. Andrews)的《幻方和幻立方》(*Magic Squares and Cubes*, New York: Dover, 1960)。在波萨门蒂和斯特佩尔曼合著的《教授中学数学:技巧和强化单元》第六版第257—258页可以找到一种简明的处理方法。——原注

幻方是指一个数字方阵,其每一列、每一行、每条对角线上的数之和都相同。作为练习,你可以让学生们尝试构建一个3×3的幻方。(为方便你,)下面提供一个解答。

4	9	2
3	5	7
8	1	6

然后你可以让他们再构建一个4×4的幻方[①]。在他们花费足够多时间构建出这个幻方之后,开始讨论丢勒的幻方。丢勒的大多数作品都是以他的姓名首字母署名的,其中A叠放在D的上面,作品的创作年份也包含在其中。这里我们可以在图片的右下方找到这个印记。我们注意到,这幅图的创作年份是1514年。敏锐的学生们也许会注意到,最下方中间的两个方格中也描画了这个年份。让我们来更进一步观察这个幻方。

16	3	2	13
5	10	11	8
9	6	7	12
4	15	14	1

首先,让我们确定这是一个幻方。所有行、所有列,以及两条对角线上的数之和应该都相等。好吧,它们确实相等,各自的和都等于34。因此,这就满足了这个数字方阵是一个幻方的所有要求。不过,丢勒的这个幻方具有许多其他幻方所不具备的特质。我们会在这里列出其中的几条。

•四个角上的数之和等于34。

$$16+13+1+4=34$$

① 4×4幻方的构建方式,通常是按顺序逐行写出从1至16的数字,然后划掉两条对角线上的那些数。随后用这些划掉的数的补数来取代它们,所谓补数就是加上这个数所得的和等于17(比方格数大1)的数。不过,丢勒的方阵又将中间两列互换,目的是将日期蚀刻在最下方中间的两个方格中。——原注

- 四个角上的2×2方阵的数之和都等于34。

$$16+3+5+10=34$$

$$2+13+11+8=34$$

$$9+6+4+15=34$$

$$7+12+14+1=34$$

- 中心的2×2方阵的数之和等于34：

$$10+11+6+7=34$$

- 对角方格中的数之和等于非对角方格中的数之和：

$$16+10+7+1+4+6+11+13=3+2+8+12+14+15+9+5=68$$

- 对角方格中的数的平方和等于非对角方格中的数的平方和：

$$16^2+10^2+7^2+1^2+4^2+6^2+11^2+13^2=3^2+2^2+8^2+12^2+14^2+15^2+9^2+5^2=748$$

- 对角方格中的数的立方和等于非对角方格中的数的立方和：

$$16^3+10^3+7^3+1^3+4^3+6^3+11^3+13^3=3^3+2^3+8^3+12^3+14^3+15^3+9^3+5^3=9248$$

- 对角方格中的数的平方和等于第一行和第三行中的数的平方和：

$$16^2+10^2+7^2+1^2+4^2+6^2+11^2+13^2=16^2+3^2+2^2+13^2+9^2+6^2+7^2+12^2=748$$

- 对角方格中的数的平方和等于第二行和第四行中的数的平方和：

$$16^2+10^2+7^2+1^2+4^2+6^2+11^2+13^2=5^2+10^2+11^2+8^2+4^2+15^2+14^2+1^2=748$$

- 对角方格中的数的平方和等于第一列和第三列中的数的平方和：

$$16^2+10^2+7^2+1^2+4^2+6^2+11^2+13^2=16^2+5^2+9^2+4^2+2^2+11^2+7^2+14^2=748$$

- 对角方格中的数的平方和等于第二列和第四列中的数的平方和：

$$16^2+10^2+7^2+1^2+4^2+6^2+11^2+13^2=3^2+10^2+6^2+15^2+13^2+8^2+12^2+1^2=748$$

- 请注意下列这些美丽的对称性：

$$2+8+9+15=3+5+12+14=34$$

$$2^2+8^2+9^2+15^2=3^2+5^2+12^2+14^2=374$$

$$2^3+8^3+9^3+15^3=3^3+5^3+12^3+14^3=4624$$

- 每一对(竖直方向)上下相邻的数之和产生一种令人愉快的对称性：

16 + 5 = **21**	3 + 10 = **13**	2 + 11 = **13**	13 + 8 = **21**
9 + 4 = **13**	6 + 15 = **21**	7 + 14 = **21**	12 + 1 = **13**

· 每一对(水平方向)左右相邻的数之和产生一种令人愉快的对称性：

16 + 3 = **19**	2 + 13 = **15**
5 + 10 = **15**	11 + 8 = **19**
9 + 6 = **15**	7 + 12 = **19**
4 + 15 = **19**	14 + 1 = **15**

你的学生能在这个美丽的幻方中发现其他一些模式吗？

8.3　悬而未决的问题

你的一些学生也许会对此感到震惊,不过有谁说过所有的数学题目都已得到了解答?那些悬而未决的问题在数学中扮演着非常重要的角色。尝试解答它们的努力时常导向其他分类的重要发现。不过,悄悄地问一下自己,我们能否解答出一道悬而未决的问题——一道世界上最聪明的那些头脑都没能解决的题目,尤其是题目本身很容易理解时,常常会激发我们的兴趣。我们会考虑几道悬而未决的问题,从而更好地理解数学史。近年来,数学有两次上了报纸头条,每次都是因为解答了一道长期悬而未决的问题。

四色问题可回溯到1852年,当弗朗西斯·居特里(Francis Guthrie)试图给英格兰各郡的地图上色时,他注意到使用四种颜色就足够了。他问他的弟弟弗雷德里克(Frederick),以下情况是否成立:任何地图都可以用四种颜色来上色,从而使得相邻的各区域(即具有共同边界线而不仅仅有相邻点的那些区域)都能获得不同的颜色。随后弗雷德里克·居特里向著名数学家德摩根[1]传递了这一猜想。1977年,四色地图问题被两位数学家阿佩尔(K. Appel)和哈肯(W. Haken)解决,他们利用一台计算机考虑了所有可能的地图,结果确定要对一幅地图上色,从而使得没有任何两个具有共同边界线的地域会用相同颜色来表示,并不需要使用超过四种颜色。

比较近期的事情是,1993年6月23日,普林斯顿大学的数学教授怀尔斯(Andrew Wiles)宣布,他解决了已有350年历史的费马最后定理[2]。他又花费一年时间修正了证明过程中的几个错误,不过这摆平了一个令人不得安宁的问题,几个世纪以来,这个问题使得大批数学家不得闲暇。约1630年,费马在他正在阅读的一本数学书(丢番图的《算术》)的页边空白处写下了这道题目,直到他去世后才被他的儿子发现。除了陈述这条定理

---

[1]　德摩根(Augustus De Morgan,1806—1871),英国数学家和逻辑学家。他将数学归纳法的概念严格化,并且在分析学、代数学、数学史及逻辑学等方面都作出了重要贡献。——译注

[2]　费马最后定理(Fermat's Last Theorem),也称为费马猜想(Fermat's conjecture)或费马大定理(Fermat's Great Theorem)。——译注

以外,费马还声称他的证明过程太长,而页边空白处太窄写不下,于是他实际上就把证明这个命题的工作留给他人去完成了。

费马大定理:当 $n > 2$ 时,$x^n + y^n = z^n$ 没有非零整数解。

在此期间,关于其他悬而未决问题的思索也开始了,这样的题目还有很多。其中有两个问题非常容易理解,不过要证明它们显然极其困难。这两个问题都尚未得到证明。

哥德巴赫(Christian Goldbach, 1690—1764)是一位普鲁士数学家,他在1742年写给著名瑞士数学家欧拉的一封信中,提出了以下问题,此问题迄今仍然尚待解决。

哥德巴赫猜想:任一大于2的偶数,都可表示成两个素数之和。

大于2的偶数	两个素数之和
4	2 + 2
6	3 + 3
8	3 + 5
10	3 + 7
12	5 + 7
14	7 + 7
16	5 + 11
18	7 + 11
20	7 + 13
⋮	⋮
48	19 + 29
⋮	⋮
100	3 + 97

你能找到其他一些这样的例子吗?

哥德巴赫第二猜想:任一大于5的奇数,都可表示成三个素数之和。

让我们来考虑前几个奇数:

大于5的奇数	三个素数之和
7	2 + 2 + 3
9	3 + 3 + 3
11	3 + 3 + 5
13	3 + 5 + 5
15	5 + 5 + 5
17	5 + 5 + 7
19	5 + 7 + 7
21	7 + 7 + 7
⋮	⋮
51	3 + 17 + 31
⋮	⋮
77	5 + 5 + 67
⋮	⋮
101	5 + 7 + 89

　　你的学生也许会想要了解其中是否存在着某种模式,并生成其他一些例子。

8.4　一个意料之外的结果

向你班里的学生展示以下数列,并让他们告诉你接下去一个数是几: **1,2,4,8,16**。

当你给出接下去一个数是31(而不是意料之中的32)时,通常就会听到一片"错"的喊声。直接告诉你的学生们,这是一个正确的答案,**1,2,4, 8,16,31** 可以是一个符合要求的数列。

现在你必须说服学生们相信这个数列的合理性。如果能够通过几何方法来做到这一点,那就太好了,因为这会对于一种物理本质提供具有说服力的证据。让我们首先找出这个"奇异的数列"中接下去的那个数。

我们会建立起一张差值表(即显示一个数列各项之间的差值的表),首先从这个直至31的给定数列开始,等建立起一种模式后(这里是在第三次求差值时建立起来的),再反过来计算。

原始数列	1		2		4		8		16		31
第一次求差值		1		2		4		8		15	
第二次求差值			1		2		4		7		
第三次求差值				1		2		3			
第四次求差值					**1**		**1**				

由于第四次求得的差值构成了一个常数数列,我们可以把这个过程反过来(将这张表格上下颠倒),并用4和5将第三次求得的差值再延伸几步。

第四次求差值					1		1		1		1				
第三次求差值				1		2		3		**4**		**5**			
第二次求差值			1		2		4		7		**11**		**16**		
第一次求差值		1		2		4		8		15		**26**		**42**	
原始数列	1		2		4		8		16		**31**		**57**		**99**

让数学之美带给你灵感与启发

数学奇观

这些粗体的数是从第三次求得的差值反过来计算得到的。因此,给定数列的接下去两个数是57和99。通项公式是一个四次表达式,因为我们必须求第三次差值才能得到一个常数。这个通项公式(n)是

$$\frac{n^4 - 6n^3 + 23n^2 - 18n + 24}{24}$$

我们不应该认为这个数列是与数学的其他部分割裂的。考虑帕斯卡三角形(也称为杨辉三角形,如图8.2):

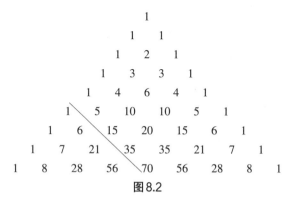

图8.2

考虑上图帕斯卡三角形中所画的这根线条右边各水平行的数之和:1,2,4,8,16,31,57,99,163。这里又出现了我们新建立起来的这个数列。

一种几何解释可以有助于让学生们信服数学内在的美和一致性。为此,我们会建立一张表格,列出通过连接一个圆上的几个点可以将这个圆分割成的区域数。这应该由全班同学来做。只是要确保没有任何三条线相交于一点,不然的话你就会失去一个区域。

圆上的点数	这个圆可以被分割成的区域数
1	1
2	2
3	4
4	8
5	16
6	31
7	57
8	99

现在学生们可以看到，这个非同寻常的数列出现在了各种不同的领域中，一定程度上的满足感就会油然而生。提醒他们回忆起最初的怀疑。

8.5 自然界中的数学

著名的斐波那契数是比萨的列奥纳多在他的《计算之书》(1202)中,提出的一道关于兔子繁殖的题目(参见第1.18节)的直接结果,它在自然界中还有许多其他应用。也许初看之下,这些应用似乎都属巧合,不过最终你会对这个著名数列具有如此众多的表现形式感到惊诧不已。

斐波那契提出的原题询问的是每个月累计的兔子对数,结果导出了这个数列:1,1,2,3,5,8,13,21,34,55,89,144,…。

在你用斐波那契数的众多应用迷住你的学生之前,你应该先让他们将以下物品带到课堂:各种松果、一个菠萝、一棵植物(见下文),如果可能的话还可以带些自然界中的其他螺旋形样本(例如一棵向日葵)。

让学生用斐波那契数列中的每个数去除以它右手边的那个数,看看结果构建出的是什么数列。他们会得到一系列分数:

$$\frac{1}{1},\frac{1}{2},\frac{2}{3},\frac{3}{5},\frac{5}{8},\frac{8}{13},\frac{13}{21},\frac{21}{34},\frac{34}{55},\frac{55}{89},\frac{89}{144},\cdots$$

问问学生,他们是否能够确定这些数与(带到现场的)一棵植物的叶子之间的联系。从斐波那契数的角度来看,你也许会观察到两条:(1)茎杆上从任意一片叶子到下一片"位置相似"(即在它上方并朝着同一方向)的叶子,其间经过的叶子数量;(2)从一片叶子到下一片"位置相似"的叶子,沿着其间经过的这些叶子所需要转过的圈数。在这两种情况下,这些数被证实都是斐波那契数。

在树叶排列的那个例子中,要用到以下标记法:$\frac{3}{8}$ 的意思是,到达下一片"位置相似"的叶子,需要转3圈,并经过8片叶子。一般而言,如果我们设 r 为从任意一片叶子到下一片"位置相似"的叶子所转过的圈数,而 s 为其间经过的叶子片数,那么 $\frac{r}{s}$ 就会是叶序(即叶子在植物上的排列方式)。让学生观察图8.3,并设法求出该植物的比例。你可以在黑板上画出一张图示,如果可能的话,提供一棵活的植物。

在这张图里,植物的比例是 $\frac{5}{8}$。

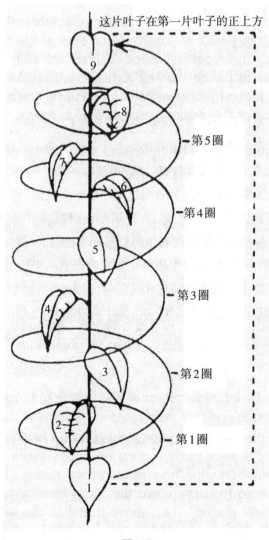

这片叶子在第一片叶子的正上方

——第5圈

——第4圈

——第3圈

——第2圈

——第1圈

图8.3

　　松果也呈现出一种斐波那契数的应用。松果上的苞片被认为是变态叶，被压缩至较小的空间。在对松果进行观察后，我们可以发现两个螺旋，一个向左（顺时针方向），另一个向右（逆时针方向）。一个螺旋以较陡的角度上升，而另一个螺旋则上升较缓。让学生留意上升较陡的这些螺旋，并对它们进行计数，再对上升较缓的那些螺旋做同样的操作。这两个数都应该是斐波那契数。例如,一个白松果有5个顺时针螺旋和8个逆时针螺旋。其他的松果也许会具有不同的斐波那契比例。随后,让学生细查雏菊或向日葵,看看斐波那契比例适用于它们身上的什么部位。

我们注意到,相继斐波那契数的比例接近黄金分割比(或者叫黄金比例)。参见第1.18节。

如果你仔细观察相继斐波那契数的这些比例,你就可以近似地给出与它们等价的小数。前几个斐波那契比例是

$$\frac{2}{3} = 0.666\ 667$$

$$\frac{3}{5} = 0.600\ 000$$

然后,当我们沿着斐波那契数列继续下去,这些比例就开始接近ϕ:

$$\frac{89}{144} = 0.618\ 056$$

$$\frac{144}{233} = 0.618\ 026$$

黄金比例是$\phi=0.6180339887498948482045868343 6563\cdots$。

从几何上来说,图8.4中的点B将线段AC分成黄金比例:

$$\frac{AB}{BC} = \frac{BC}{AC} \approx 0.618\ 034$$

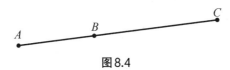

图8.4

现在来考虑黄金矩形系列(如图8.5),这些矩形的尺寸符合$\dfrac{\text{宽}(w)}{\text{长}(l)}$的比例为黄金比例$\dfrac{w}{l} = \dfrac{l}{w+l}$。

如果这个矩形被一根线段EF分割成一个正方形($ABEF$)和一个黄金矩形($EFDG$),而且如果我们按照相同的方式将每个新的黄金矩形继续不断地分割下去,我们就能在这些相继的正方形中构建出一条"对数螺线"(如图8.5)。在花卉的种子排列中,以及在海贝和蜗牛的形状中,经常能找到这类曲线。如果可能的话,你应该让学生带一些例证,以展示这些螺线(如图8.6)。

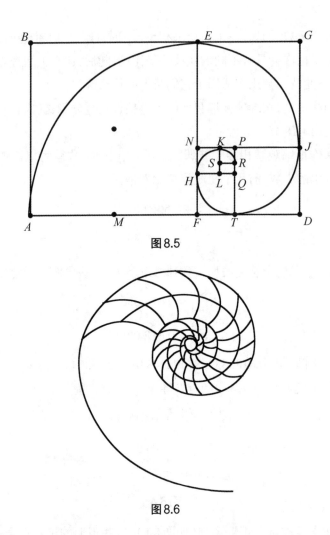

图8.5

图8.6

　　作为自然界中的数学的另一个例子,学生们可以留意一下菠萝。这里存在着三种截然不同的六边形螺旋:第一种间隔5的螺旋向着一个方向逐渐盘绕;第二种间隔13的螺旋较陡地向着同一个方向盘绕,第三种间隔8的螺旋向着相反方向盘绕。每一组螺旋都包含一个斐波那契数。每一对螺旋一起给出斐波那契数列。图8.7的示意图描绘了一个菠萝,它的鳞片都按顺序标上了数字。这个顺序是根据每个六边形到菠萝底部的距离而确定的。也就是说,最下面的鳞片标号为0,仅高于它的鳞片标号为1。你可以发现,第42号鳞片略高于第37号鳞片。

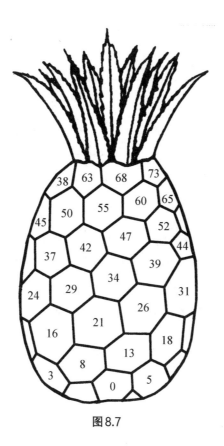

图8.7

　　看看学生们是否能注意到图8.7中的三种截然不同的螺旋,它们从底部开始,彼此交叉。一条螺旋是0,5,10,…序列,以微小的角度上升。第二条螺旋是0,13,26,…序列,以较陡的角度上升。第三条螺旋是0,8,16,…序列,与另两条螺旋方向相反。让学生们找出每个序列中相邻数之间的公差。在本例中,这些公差是5、8、13,它们都是斐波那契数。不同的菠萝可能具有不同的序列。

　　不是为了卖弄,而是将这些应用转移到一个迥然不同的场合,让学生们考虑雄性蜜蜂的繁殖。必须告诉他们,并让他们明白,雄蜂是由未受精卵孵化出来的,而雌蜂则是由受精卵孵化出来的。然后你可以引导学生们追踪这些雄蜂的繁殖。你们会得出下列模式(如图8.8,其中f表示雌蜂,m表示雄蜂):

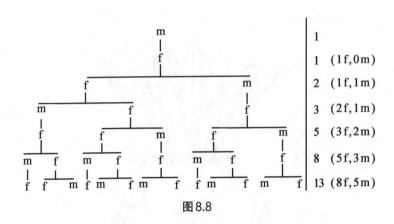

图8.8

至此应该很明显能看出,这个模式就是斐波那契数列。

正如我们先前说过的那样,斐波那契数在自然界、建筑、艺术及许多有趣的其他领域中都有无穷多种应用(有时候是通过与其相关的黄金比例)。让学生们意识到这些应用是相互独立的,这是这些应用所引发的惊异的一部分。

8.6　钟的指针

钟可以是数学应用的一个有趣的来源。它们可以被应用在数学中,而不是我们通常所见的数学被应用在其他学科之中。

首先让你的学生确定,钟的两根指针在4:00以后达到重叠时的确切时刻。学生们对于这道题目答案的第一反应,很有可能是简单的4:20。

当你提醒他们,在分针较快地转动时,时针仍在匀速转动,他们会开始估计答案在4:21至4:22之间。他们应该意识到,时针每12分钟移过分钟标记的一个间隔。因此,它会在4:24离开4:21—4:22这个间隔。不过,这并没有解答出原来那道关于这个重叠出现的确切时刻的问题。

这不是正确答案,因为当分针移动时,时针并不是保持静止的,而是也在移动。一旦他们意识到这一点,你就可以向他们展示一个技巧。诀窍在于:只要简单地将20(即错误答案)乘以 $\frac{12}{11}$ 而得到 $21\frac{9}{11}$,这就给出了正确答案:$4:21\frac{9}{11}$。

想让学生开始理解钟的指针转动,有一种方式是让他们将这两根指针看作分别独立地在钟面上匀速转动。标在钟面上的分针刻度(从现在开始将它们称为"刻度")会既用来表示距离,也用来表示时间。这里可以与汽车的"匀速运动"作一个类比(这是基础代数课程中解应用题的一个广为使用的主题)。有关一辆快车赶上一辆慢车的题目与此题类似。

经验表明,引导班里的学生考虑下列类比可能会有所帮助:一辆每小时行驶60英里的汽车需要行驶多长距离才能赶上一辆先行了20英里、每小时行驶5英里的汽车。

现在让班里的学生将4点钟当作钟的初始时间。我们的题目于是就成为确定出分针在4点钟以后恰好赶上时针时的确切时刻。设时针的速率为r,那么分针的速率就必定为$12r$。我们要求的是分针赶上时针要经过的距离,这个距离要用分针经过的刻度数来度量。

让我们设这个距离为d个刻度。于是,时针经过的距离就是$d-20$个刻度,因为它开始时领先分针20个刻度,见图8.9。

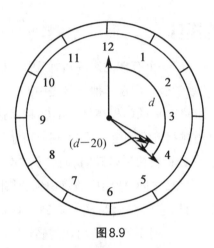

图 8.9

要完成此事,分针所需要的时间 $\dfrac{d}{12r}$ 和时针所需要的时间 $\dfrac{d-20}{r}$ 应该相同。因此有

$$\frac{d}{12r} = \frac{d-20}{r}$$

于是

$$d = \frac{12}{11} \times 20 = 21\frac{9}{11}$$

因此,分针会在恰好 $4:21\dfrac{9}{11}$ 赶上时针。

考虑表达式 $d = \dfrac{12}{11} \times 20$。20 这个量是分针到达要求的位置所必须经过的刻度数目,前提是我们假设时针保持静止。不过显然,时针并不是保持静止的。因此,我们必须将这个量乘以 $\dfrac{12}{11}$,因为分针必须经过 $\dfrac{12}{11}$ 倍的距离。让我们称这个分数 $\dfrac{12}{11}$ 为校正因子。你也许想要让班里的学生从逻辑和数学两方面来验证这个校正因子。

为了让学生熟悉这个校正因子的使用方法,请选择几个短小简单的例子。例如,你可以让他们求出当钟面上两根指针在 7 点和 8 点之间重叠时的确切时刻。在这里,学生会首先确定分针从"12"这个位置移动到时针所在位置所需要的时间,前提是再次假设时针保持静止。随后通过将刻度的数量 35 乘以校正因子 $\dfrac{12}{11}$,他们就会得到这两根指针重叠时的确切时

刻 $7:38\frac{2}{11}$。

　　为了加强学生们对这种新程序的理解,让他们考虑某个人在用一个电子钟核对他的腕表。他注意到腕表上的指针每65分钟重叠一次(由电子钟测量到)。问班里的学生,这块腕表是走快了、走慢了,还是精确的?

　　你可以让他们用下面这种方式来考虑这道题目。在12点钟的时候,钟面上的两根指针恰好重叠。采用先前描述的方法,我们求得这两根指针会在恰好 $1:05\frac{5}{11}$ 的时候再次重叠,然后在恰好 $2:10\frac{10}{11}$ 的时候再次重叠,然后在恰好 $3:16\frac{4}{11}$ 的时候再次重叠,以此类推。在每两个重叠的位置之间,每次都有 $65\frac{5}{11}$ 分钟的间隔。因此,此人的腕表误差了 $\frac{5}{11}$ 分钟。现在让学生来确定这块腕表是走快了还是走慢了。

　　通过这种校正因子,还能让许多其他有趣的、有时候是相当困难的题目得以简化。你可以非常容易地提出你自己的题目。例如,你可以让学生们求出当钟面上的两根指针在8点到9点之间相互垂直(或形成一直线)时的确切时刻。

　　同样,对于此题你也会让学生来确定分针从"12"这个位置开始移动,一直到与静止的时针构成要求的角度,其间所经过的刻度数。随后让他们将这个数乘以校正因子 $\frac{12}{11}$,以得到确切的实际时刻。也就是说,为了找到钟面上两根指针在8点到9点之间首次相互垂直时的确切时刻,就要确定当时针保持静止时分针所要到达的位置(这里是在25分的刻度处)。然后用25乘以 $\frac{12}{11}$,得到 $8:27\frac{3}{11}$,这就是当这两根指针在8点之后首次相互垂直时的确切时刻。

　　对于尚未学习过代数的那些学生,你可以用以下方式来说明 $\frac{12}{11}$ 是两次重叠之间的合理校正因子:

　　考虑正午时钟面上的两根指针。在接下去的12个小时中(即直至这两根指针在午夜到达同一位置时为止),时针转过1圈,分针转过12圈,且分针与时针重合11次(其中包括午夜的那一次,但不包括中午的那一次,

即从两根指针在中午刚刚分开时开始计算)。

因为每根指针都是以均匀的速率旋转,那么这两根指针每 $\frac{12}{11}$ 个小时,或者说就是每 $65\frac{5}{11}$ 分钟重合一次。

这一点可以拓展到其他情形。

你的学生可以采用这种简单的程序来解决通常看起来非常困难的时钟题目,其结果应该会让他们获得极大的成就感和愉悦感。

8.7　你在世界的何处

这是一道广为流传的谜题,它有一些非常有趣的拓展,却很少有人考虑。它需要某些"跳出框架约束"的思考,而这些思考可能会对学生产生一些有利的、持久的影响。让我们看看这道题目:

在地球上的何处,你可以向南走1英里,**然后**向东走1英里,**再**向北走1英里,最后仍回到起点?

一名聪明的学生通过猜测和检验,就会偶然发现正确答案:北极。为了检验这个答案,请尝试从北极出发,向南走1英里,然后向东走1英里。这会使你沿着距离北极1英里的那条纬线前进。随后再向北走1英里,就让你回到了你的起点——北极(见图8.10,此图显然没有按比例绘制)。

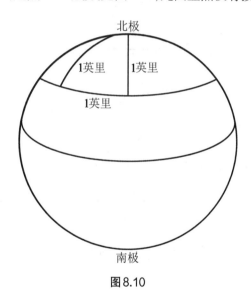

图8.10

大多数熟悉这道题目的人都有一种圆满完成了的感觉。不过我们可以问:还有没有其他这样的起点,可以让我们从那里开始进行同样的三段"行走"而最后回到这个起点?令大多数人感到惊讶的是,其答案是肯定的。

通过找到周长为1英里、且距离南极最近的那条纬圈,就可以找到一组这样的起点。从这条纬圈开始,向北行走1英里(自然是沿着一个大圆),并构建另一条纬圈。这第二条纬圈上的任意一点都符合要求。让我们来尝试一番。

如图8.11,从这(比较靠北的)第二条纬圈出发。向南走1英里(使你来到第一条纬圈),然后向东走1英里(使你恰好沿着这个圈走一圈),再向北走1英里(使你回到起点)。

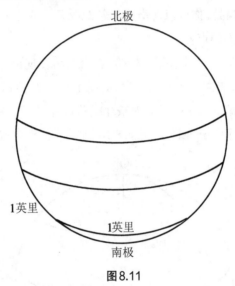

图8.11

假设第一条纬圈,即你会沿着它行走的那一条,其周长为 $\frac{1}{2}$ 英里。我们仍然能够满足给定的那些指令,不过这次要绕着这个圈走两遍,然后回到我们一开始的起点。如果第一条纬圈的周长是 $\frac{1}{4}$ 英里,那么我们只不过得绕着这个圈走四遍,就会回到这个圆上的起点,然后再向北走1英里回到开始的起点。

到这个时候,我们可以飞跃一大步,进行一个推广,从而引导我们找出许多满足这些初始规定的点,实际上是无穷多个点!要找到这些点的集合,可以从距离南极最近的那条纬圈开始,这条纬圈的周长是 $\frac{1}{n}$ 英里,因此向东走1英里(作 n 次环绕)会使你回到你在这条纬圈上开始行走的那个点。其余部分与前面一样,也就是说,向南1英里,随后再向北1英里。对于北极附近的纬圈路径,这有可能做到吗?是的,当然可以!

本节内容会为你的学生们提供一些非常有价值的"脑力延伸",这在学校的课程中通常是找不到的。你不仅会令他们感到愉悦,而且还会为他们提供逻辑思维方面的某种绝佳培训。

8.8 过桥

著名的柯尼斯堡七桥问题是拓扑学问题对于网络的一个巧妙应用。要观察如何恰当地使用数学来彻底解决一个实际问题,这个例子非常好。在开始着手解答这道题目之前,我们应该先熟悉一下其中所涉及的基本概念。为此,让学生们设法用一支铅笔沿着下列每一个构形描画,不遗漏任何一个部分,不重复经过任何一个部分,也不可以将铅笔提离纸面。让学生们确定有端点在 A、B、C、D、E 处的弧或线段的数量。

如图 8.12 所示的五个图形,是由线段和/或连续的弧组成的构形,这种结构称为网络。有一个端点在某一特定顶点处的弧或线段的数目,称为该顶点的度。

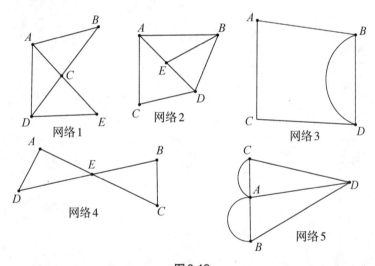

网络1
网络2
网络3
网络4
网络5

图8.12

学生们在设法不让他们的铅笔提离纸面,也不经过任何线条一次以上的情况下描画这些网络以后,他们应该会注意到两个直接的结果。网络能够被描画(或者遍历[①])的条件是:(1)它们的顶点全都是偶数度,或者(2)它们恰好有两个奇数度的顶点。以下两条陈述说明了这些结论[②]。

① "遍历"在这里表示"一笔画"。——译注
② 这两条定理的证明可以在波萨门蒂和斯特佩尔曼合著的《教授中学数学:技巧和强化单元》第六版中找到。——原注

1. 在一个连通网络中,存在着偶数个奇数度顶点。

2. 仅当一个连通网络至多有两个奇数度顶点时,才能遍历这个网络。

现在让学生们(利用这两条定理)画出能遍历的和不能遍历的两种网络。

网络1有五个顶点。顶点B、C、E是偶数度,而顶点A和D则是奇数度。由于网络1恰好有两个奇数度顶点及三个偶数度顶点,它是可遍历的。如果我们从点A出发,然后向下到点D,经过点E,再向上回到点A,经过点B,再向下到点D,我们就选出了一条符合要求的路径。

网络2有五个顶点。顶点C是唯一的偶数度顶点。顶点A、B、E、D都是奇数度。其结果是,由于这个网络有超过两个奇数度顶点,它不是可遍历的。

网络3是可遍历的,因为它有两个偶数度顶点,且恰好有两个奇数度顶点。

网络4有五个偶数度顶点,因此可以遍历。

网络5有四个奇数度顶点,因此不能遍历。

为了在你的学生们之中引发兴趣,向他们展示那道著名的柯尼斯堡七桥问题。18世纪时,普鲁士有座小城叫柯尼斯堡(今加里宁格勒),普莱格尔河(今普列戈利亚河)在那里分出两条支流。小城的居民面对着一个有趣的难题:一个人在连续徒步穿越这个城市的过程中,能否恰好将这七座桥中的每一座都走一遍(见图8.13)?

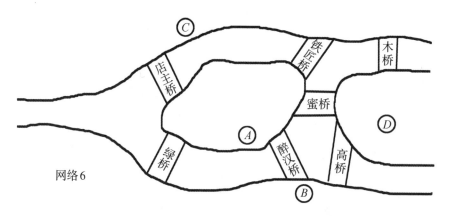

网络6

图8.13

1735年，著名数学家欧拉证明，这样的行走是不可能完成的。向学生们指出，接下去的讨论会将他们先前对于网络所做的练习与柯尼斯堡七桥问题的解答关联在一起。

让学生将中间的岛标示为 A，河的左岸标示为 B，右岸标示为 C，两条河段支流之间的区域标示为 D。如果我们先走过木桥，走向铁匠桥，然后走过蜜桥、高桥、醉汉桥、绿桥，那么就绝不会经过店主桥。另一方面，如果我们从店主桥出发，走过蜜桥、高桥、醉汉桥、铁匠桥、木桥，那么就绝不会经过绿桥。

柯尼斯堡七桥问题与图 8.12 中的网络 5 提出的是同一个问题。让我们来看一看网络 5 和网络 6，并注意到它们的相似性。在网络 6 中有七座桥，而在网络 5 中有七条线。在网络 5 中，每个顶点都是奇数度。在网络 6 中，如果我们从 D 处出发，那么就有三种选择，我们可以去高桥、蜜桥或者木桥。在网络 5 中，如果我们从 D 处出发，那么有三条线路可以选择。在这两个网络中，如果我们在 C 处，那么有三座桥或者三条线路可走。对于网络 6 中的 A 和 B 这两个位置和网络 5 中的 A 和 B 这两个顶点，也存在着类似的情况。请强调这个网络不能被遍历。

通过将这些桥和岛简化成一个网络问题，我们很容易地解决了它。这是数学中的一种聪明的解题策略。

8.9 误解最深的平均值

如果在一次往返行程中,"前往"的平均速率为每小时30英里,而"返回"的平均速率为每小时60英里,当要求学生们计算这次往返全程的平均速率时,大多数没有这方面知识的学生会认为,在整个行程中的平均速率是每小时45英里(计算方式是 $\frac{30+60}{2}=45$)。你的第一个任务是要让学生相信,这是错误的答案。首先,你可以问学生,他们是否认为这两个速率具有相等的"权重"是公平的。有些学生也许会意识到,这两个速率是在不同的时间长度中得到的,因此不能得到相同的权重。这也许会引导某个学生提出,速率较慢(每小时30英里)的那段行程花费的时间是另一段的两倍,因此应该在计算平均往返速率时得到两倍的权重。于是这会导致以下计算:

$$\frac{30+30+60}{3}=40$$

这恰好就是正确的平均速率。

如果这种论证还不能使一些人信服,那么请尝试某种更接近"目标"的方法。可以提出这样一个问题:如果一名学生在一个学期的10次测验中,有9次得到100分,还有一次只得到50分,那么这名学生的平均成绩该是多少?如果将这名学生在这个学期中的平均成绩定为75分(即 $\frac{100+50}{2}$),这公平吗?对这一提议的回应会倾向于对考虑中的这两个成绩应用恰当的权重。100这个分数出现的频率是50分的九倍;因此就应该得到恰当的权重。于是,该学生平均成绩的一种恰当计算方法应该是

$$\frac{9\times100+50}{10}=95$$

这看起来显然更加公正!

一名敏锐的学生这时也许会问道:"如果要求平均值的这些比率彼此并不成倍数,那又会发生什么?"对于上文中的那道速率题目,我们可以求出"前往"的时间和"返回"的时间来得到总时间,然后再用总距离来计算出"总速率",而这实际上就是平均速率。

还有一种更加高效的方法,这也是本节的亮点。我们将会引入一个被称为调和平均数的概念,也就是一个调和数列的平均值。调和这个名称来自这样一个事实:$\frac{1}{2}$,$\frac{1}{3}$,$\frac{1}{4}$,$\frac{1}{5}$,$\frac{1}{6}$,$\frac{1}{7}$,$\frac{1}{8}$就是一个这样的调和数列,如果你将一把吉他的弦取这些相对的长度,并同时弹奏它们,结果就会得到一个和谐的声音。

这个频繁被误解的平均值(或者平均数)常常会引起困惑,不过为了避免这种情况,一旦我们认定要求的是几个比率的平均值(即调和平均数),那么我们就用一个优美的公式,来计算在同一基数上的几个比率的调和平均数。在上文的情形中,这两个比率是基于同一个距离(往返行程两端之间的距离)。

两个比率a和b的调和平均数等于$\frac{2ab}{a+b}$,而对于三个比率a、b和c,调和平均数等于$\frac{3abc}{ab+bc+ac}$。

我们可以看出有一种模式在逐渐形成,因此对于四个比率,调和平均数就等于$\frac{4abcd}{abc+abd+acd+bcd}$。

将此应用与上文中的那道速率题目,我们就得到

$$\frac{2\times30\times60}{30+60}=\frac{3600}{90}=40$$

接着先提出以下这道题目:

星期一,一架飞机在纽约市和华盛顿市之间进行了一趟平均速率为每小时300英里的往返航程。第二天是星期二,有风,且风速恒定(每小时50英里),风的方向也恒定(从纽约市吹向华盛顿市)。同一架飞机以相同的设定速率在星期二又进行了一趟往返航程。星期二的这趟航程与星期一的航程相比,会需要较长时间、较短时间,还是相同时间?

这道题目应该缓慢而小心地提出来,从而使学生们注意到,其中唯一发生改变的事情是"顺风和逆风"。其他所有可控因素都是相同的:距离、速率控制、飞机状况等。预料之中的一种回答是,这两次往返飞行时间应该是相同的,特别是由于同样的风在这趟往返航程的两个相等航段中分别起到推动和阻碍的作用。

这次"风之旅"的两个航段需要花费不同的时间,意识到这一点应该会导向这样的概念:这趟航程的两个速率权重不相等,因为它们是在不同的时间长度中完成的。因此,应该计算出每个航段所花费的时间,然后再恰当地按比例分摊给相关的速率。

　　我们可以用调和平均数公式来求出这趟"风之旅"的平均速率。其调和平均数等于

$$\frac{2 \times 350 \times 250}{250 + 350} = 291.667$$

它要慢于无风的航程。

　　真是出乎意料!

　　这个论题不仅有用,而且还有助于使学生们对加权平均的概念敏感起来。

8.10　帕斯卡三角形

　　帕斯卡三角形[1]（它是以数学家帕斯卡的姓氏来命名的）可能是关于数的最著名的三角形排列方式之一。尽管这个三角形主要是与概率结合在一起使用,不过它还有许多在这个领域之外的有趣特性。要让学生们更好地熟悉帕斯卡三角形,就让他们构建出这个三角形。

　　从一个1开始,然后在下方写上1,1。在接下去的每一行的开始和结尾处都写上1,而该行中的其他数则由其上方的左右两个数相加得到。至此,我们会得到以下结果:

　　按照这种模式继续下去,接下去一行就会是1-（1+3）-（3+3）-（3+1）-1,或者说1-4-6-4-1。

　　下面显示了一个较大的帕斯卡三角形:

```
                          1
                       1     1
                     1    2    1
                  1    3    3    1
                1    4    6    4    1
             1    5   10   10    5    1
           1    6   15   20   15    6    1
         1    7   21   35   35   21    7    1
       1    8   28   56   70   56   28    8    1
     1    9   36   84  126  126   84   36    9    1
   1   10   45  120  210  252  210  120   45   10    1
```

　　在概率中,帕斯卡三角形是从以下例子中浮现出来的。我们来掷硬币,并计算每个事件的发生频率。

---

① 帕斯卡三角形,在我国也称为杨辉三角形或贾宪三角形,是二项式系数在三角形中的一种几何排列。——译注

硬币枚数	正面朝上枚数	排列方式数
1枚	1枚	1
	0枚	1
2枚	2枚	1
	1枚	2
	0枚	1
3枚	3枚	1
	2枚	3
	1枚	3
	0枚	1
4枚	4枚	1
	3枚	4
	2枚	6
	1枚	4
	0枚	1

应该鼓励学生们通过掷硬币并将其结果制成表格,来对此结果作一番探究。

帕斯卡三角形如此为人瞩目,原因在于它触及(或牵涉)到许多数学领域。特别是,在帕斯卡三角形中呈现出数量众多的各种关系。纯粹为了欣赏它,我们会在这里关注其中的一些。也许在你向学生们展示几种这样的特性之后,你可以尝试看看他们能否也找到其中的一些。

在帕斯卡三角形中,各行的数之和是2的幂:

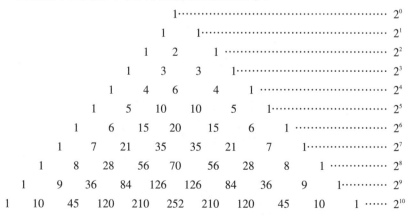

$$
\begin{array}{c}
1 \quad\quad\quad\quad\quad\quad\quad\quad\quad\quad\quad\quad 2^0 \\
1 \quad\quad 1 \quad\quad\quad\quad\quad\quad\quad\quad 2^1 \\
1 \quad\quad 2 \quad\quad 1 \quad\quad\quad\quad\quad 2^2 \\
1 \quad 3 \quad 3 \quad 1 \quad\quad\quad 2^3 \\
1 \quad 4 \quad 6 \quad 4 \quad 1 \quad 2^4 \\
1 \quad 5 \quad 10 \quad 10 \quad 5 \quad 1 \quad 2^5 \\
1 \quad 6 \quad 15 \quad 20 \quad 15 \quad 6 \quad 1 \quad 2^6 \\
1 \quad 7 \quad 21 \quad 35 \quad 35 \quad 21 \quad 7 \quad 1 \quad 2^7 \\
1 \quad 8 \quad 28 \quad 56 \quad 70 \quad 56 \quad 28 \quad 8 \quad 1 \quad 2^8 \\
1 \quad 9 \quad 36 \quad 84 \quad 126 \quad 126 \quad 84 \quad 36 \quad 9 \quad 1 \quad 2^9 \\
1 \quad 10 \quad 45 \quad 120 \quad 210 \quad 252 \quad 210 \quad 120 \quad 45 \quad 10 \quad 1 \quad 2^{10}
\end{array}
$$

如果我们将各行都看成一个数,即把该行中的各数看作这个数的各位数字,例如1、11、121、1331、14 641等(从第六行开始,我们需要重新进行组合),那么你就会找到11的幂。

```
                          1  ·····································  11⁰
```
$$1 \quad\quad\quad\quad\quad\quad 11^0$$

(以下为帕斯卡三角形,右侧标注11的幂)

					1						11^0
				1		1					11^1
			1		2		1				11^2
		1		3		3		1			11^3
	1		4		6		4		1		11^4
1		5		10		10		5		1	⋮
1	6		15		20		15		6		1
1	7	21		35		35		21		7	1
1	8	28	56		70		56		28	8	1
1	9	36	84	126		126	84	36	9	1	
1	10	45	120	210	252	210	120	45	10	1	

图8.14中标出的倾斜向下的路径给出了自然数。而在它的右边(与它平行的那条路径),学生们会看到三角形数:1,3,6,10,15,21,28,36,45,…。

从这个三角形中,学生应该会注意到自然数之和如何逐步形成了三角形数。那就是,到某一点为止的(在这条直线左边所列出的)自然数之和,可以简单地由该点右下方的那个数得出(例如,从1到7的自然数之和就等于7右下方的28)。

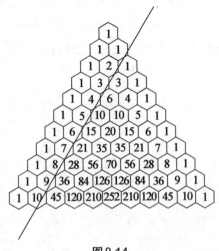

图8.14

让数学之美带给你灵感与启发 数学奇观

应该鼓励学生从中寻找平方数。它们作为两个连续三角形数之和嵌在其中。如1+3=4,3+6=9,6+10=16,10+15=25,15+21=36等。

他们还可以寻找由四个数组成的平方数:1+2+3+3=9,3+3+6+4=16,6+4+10+5=25,10+5+15+6=36等。

在图8.15的帕斯卡三角形中,让你的学生沿着各标示直线将数相加。他们会惊奇地发现,他们得到的其实是斐波那契数列:1,1,2,3,5,8,13,21,34,55,89,144,…。

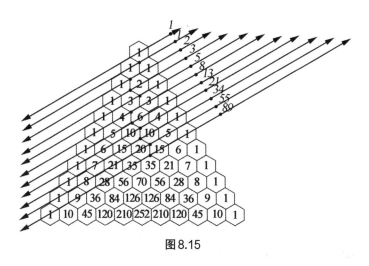

图8.15

在帕斯卡三角形中还存在着更多数类。学生们也许会想要找到五边形数:1,5,12,22,35,51,70,92,117,145,…。这里的土壤很肥沃。在数的这个三角形排列中寻找到更多珍宝,这一挑战简直是无穷无尽的!

8.11　一切都是相对的

借助本节内容,你的学生会理解相对这个概念,也不会对它再感到畏惧。我们会将这个概念设置在一种熟悉的场景中来讨论,这样学生就不会对它感到不自在。

可以预计,班级里的学生对这一概念的理解程度各不相同。事实上,明智的做法可能是展示本节内容,然后让学生回家仔细思索。他们在家里可以按照自己的步调来思考,而且不会受外界干扰。

首先提出以下题目:

戴维在划船逆流而上时,将一个软木塞掉落在船外,然后又继续划行了10分钟。随后他折返回来追逐这个软木塞,并在这个软木塞向下游漂行了1英里时将它捡回。水流速率是多少?

不要用代数课程中常见的那些传统方法来解答这道题目,而是进行如下思考。通过考虑相对性的概念,可以大大简化这道题目的解答。水流是载着戴维流向下游,还是静止不动,这并不重要。我们关心的只是戴维和软木塞的分离和重聚。如果水流是静止的,那么戴维划向软木塞所需要的时间,就和他划离软木塞所花费的时间一样多。也就是说,他会需要10+10=20分钟。既然软木塞在这20分钟内漂行了1英里,那么它的(也就是水流的)速率就是每小时3英里。

同样,这对于某些学生而言并不是一个容易掌握的概念,因此最好留给他们安静地思考一番。这是一个值得好好理解的概念,因为它在日常生活中思考各种问题时大有用武之地。这也是学习数学的目的之一。

8.12　推广需要证明

许多彼此相容的例子会诱使你进行一个推广,这是非常吸引人的。很多时候,得出的推广是正确的,不过这并非必然。众所周知,著名数学家高斯将他的才华应用于对数的关系的计算和心算处理,从而构建了他的一些理论。随后他证明了自己的这些猜想,他对数学领域的这些贡献已成为传奇。学生们必须要小心,不要仅仅因为许多例子都符合一种模式,就轻易得出结论。例如,有人相信,每个大于1的奇数都可以表示为一个2的幂和一个素数之和。而当我们考查前几个例子时,情况确实如此。

$$3 = 2^0+2$$
$$5 = 2^1+3$$
$$7 = 2^2+3$$
$$9 = 2^2+5$$
$$11 = 2^3+3$$
$$13 = 2^3+5$$
$$15 = 2^3+7$$
$$17 = 2^2+13$$
$$19 = 2^4+3$$
$$\vdots$$
$$51 = 2^5+19$$
$$\vdots$$
$$125 = 2^6+61$$
$$127 = ?$$
$$129 = 2^5+97$$
$$131 = 2^7+3$$

这个清单对我们所检验的直到125为止的每个数都成立,但是当我们算到127时,并不存在这样的解答。不过,对后面的数它又成立了。因此,这个猜想不能被推广。在下论断时应该小心行事,特别是在还没有给出任何证明之前。这是一个得出草率结论的很好的例子。不过最重要的是,它很有启发性。

273

8.13　一条美丽的曲线①

我能想到的最奇妙的曲线之一,也是在我年轻时对我影响至深的曲线之一,被称为摆线。它是一个圆沿着一条直线进行无滑滚动的过程中,其圆周上一个固定点所经过的轨迹②(见图8.16)。这条曲线具有许多令人惊异的特性,现在就来为你揭晓它们。

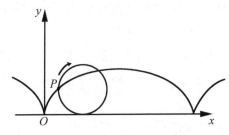

图8.16　当圆沿着 x 轴滚动时,该圆上的固定点 P 形成了一条摆线

我们将要集中讨论这条被称为摆线的曲线,或者说是弧线。假设我们将这条弧线上下翻转,并将一个有重量的球放置在竖直的 y 轴上距离点 O $4r$ 个单位处,其中 r 是产生这条摆线的那个圆的半径。假设这条竖直线是下端悬挂着这个有质量的球的一根细绳,并且可以像一个单摆那样摆动。我们可以在图8.17中看到这种情况,其中 A 和 B 是摆线上两段弧各自的中点。

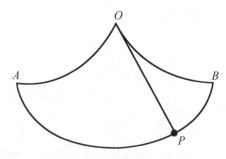

图8.17　摆线(等时)摆

这种摆线摆也被称为等时摆（"等时"这个词源自希腊语*isochrones*，意思是以相等的时间间隔发生），它是大约350年前由惠更斯[①]发明的，其构成方式为：将一个小质量物体P（之前我们把它称为一个有质量的球）用一根长度等于弧长AO（或BO）的细绳从O点悬挂下来，并让它在由一个半径为r的圆产生的两条上下颠倒的半摆线弧AO和BO之间自由摆动。

首先，可以证明这个摆的长度是4r，恰好是整条摆线弧长的一半。其次，如果小质量物体P从A摆动到B（并且从某种意义上说，摆线在到达一个端点时，其本身也"卷曲"到摆线弧AO和BO上），那么P本身也描绘出一条完整的（长度为8r的）摆线弧，产生这条摆线弧的圆与产生半弧AO和BO的圆具有相同的半径r。这可以从图8.17中看出，其中弧APB的长度为8r。此外，这种摆动的周期与其摆幅无关（这也是惠更斯的伟大发现），这与单摆的周期会随着摆幅的增大而增大这一情况形成了鲜明的对比。因此，我们说摆线摆是等时的。

摆线的摆动特性就说到这里，让我们来考虑这条摆线本身。同样，我们还是会观察倒置的（即上下颠倒的）曲线。该摆线还被称为等时曲线（它源自希腊语的tautou，即"相同"以及khronos，即"时间"两个词）。我们会展示摆线的一种特性，来说明这个名称的合理性。

（轴线竖直的）倒置曲线具有如下性质：一个粒子沿着图8.18所示的曲线上的一个可变点A（比如说A'或A"）出发，在重力的作用下滑动到该曲线上的一个固定点B，那么无论将点A选在何处（比如说A'或A"等等），这个粒子总是以同样的时间到达点B。此刻，你也许会觉得这难以置信。

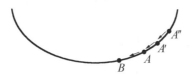

图 8.18　摆线是等时曲线

---

① 惠更斯（Christiaan Huygens，1629—1695），荷兰物理学家、天文学家和数学家。
　　——译注

你也许会想，一个远离点B的点A''，与就在点B旁边的点A，怎么可能以同样的时间到达点B！其实，这不仅可能，而且确实如此。你可以直观地证明给自己看：这条摆线的斜率在远离点B的地方比就在点B旁边的地方要大得多，这导致了点A离点B越远，产生的速率就越大。

最后，摆线也被称为最速降线（它源自希腊语的 *brakhistos*，即"最短的"，以及 *khronos*，即"时间"两个词），因为这是一个物体在可能的最短时间内从固定点A自由下落到固定点B的路径。换言之，在连接点A和点B的一切曲线中（包括直线，它也可以被认为是一条曲线），只有沿着摆线，物体才能在重力的作用下达到可能的最短移动时间（见图8.19）。这看起来也许很难接受，不过如果你考虑一条直线，那是一种"极端曲线"，那么你就会看到，摆线的初始斜率远远大于该直线的斜率，这就解释了沿着摆线有更大速率的原因。

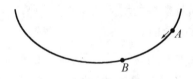

图 8.19　摆线是最速降线

摆线还有最后一个特性，那就是在这条弧下方的面积恰好是那个滚动圆的面积的3倍。也就是说，这条曲线下方的面积（正向朝上，就像它一开始出现时那样）是$3\pi r^2$。

摆线只不过是无穷多种不同曲线之一，这些曲线有的平坦、有的卷曲，它们所具有的大量特性被罗素恰如其分地描述为"屹立不摇的美"，并且能够称得上是最严格的完美。本书给出的这些例子清晰地表明，数学这本伟大的书籍一直都展开在我们的眼前，而真正的哲学就写在其中（改写自伽利略的话）。读者们受邀去翻开并欣赏它。

尾 声

现在你已经到达了本书的结尾处,你应该有足够的弹药来将你的学生转变为数学爱好者了。毕竟,这就是本书的宗旨。如果我们能够让学生发生转变,从而对学校里学习的数学产生一种非常积极的感觉(转变得越早越好),那么我们就会有能力让社会摆脱这种始终流行着的观念:声称自己数学弱是时髦。因为对于学校里的任何其他科目,都不会有人炫耀自己的不足。我们的内容涵盖了基础数学的范畴,并且对每个领域,我们都选择了一些容易理解的例子,这些例子会激励你的学生在这个最为重要的科目中寻找更多的愉悦。

我们的目标是要让数学因其自身的美而具有吸引力,而不是出于以下功利因素:学生们不断地被告知,他们必须学好数学,不然的话,他们在其他科目尤其是科学上都难有机会取得成功。当高斯将数学称为科学中的王后时[1],他指的是其他学科的科学家们不应将数学看成是可供其他科学使唤的女仆;也就是说,他们并不该以数学对其他科学的有用性来判定其价值。在你阅读本书的时候,你应该会产生这样的感觉:数学中有许多值得赞美的地方是因其自身的完美,而不是因为它对于其他学科

---

[1] 高斯的原话是:"数学是科学中的王后,数论是数学中的王后。她常常放下架子为天文学及其他自然科学提供服务,不过在任何情况下,第一的位子总属于她。"——原注

有用的魅力。自然，后面这一点让数学在我们这个社会的重要学习领域清单中保持较高地位，不过如果它的吸引力可以来自其自身内在的美，那么教授和维护它就会有效得多。

人们以各种各样的方式努力展示数学的内在美。首先，有一些真正令人愉悦的、算法上很巧妙的程序已成为被严守的秘密，而我们为了展示其他思考方式而试图将它们揭示出来。我们的数制中存在的那些巧合，向我们呈现了一些真正令人惊异的数的模式，或者是几乎无法解释的现象，所有这一切的呈现都是为了让你的学生欣喜，并向他们宣告，在数学中存在着一些真正美好的事物。此外，在数学的各个看起来互不相关的分支之间，存在着一些完全出人意料的联系，这些联系总是具有莫大的吸引力。例如，数学的许多领域都充溢着像黄金比例、斐波那契数和帕斯卡三角形这样的主题，这些领域显示了这个丰富多彩的学科的相互关联性。在讨论出人意料这个概念的时候，第4章中呈现的那些题目表明，利用某种跳出框架的思考，如何能够让一些题目自然产生非常巧妙的解答——那种解答会引起惊人的反应，但愿它还会吸引学生们去搜寻其他一些例子以尝试这些不同寻常的技巧。

在关于几何的那一章中，你能看到数学中的一些视觉之美。那些不变量表现得多么令人惊奇。当然，通过利用一个像"几何画板"那样的计算机程序，从而实现一种动态的呈现形式，就能以最佳效果看到这些不变量。如果你的学校不提供这个程序，那么明智的做法就是去获取一个。这是一个非常有价值的计算机应用程序。

在可能（并且适当）的地方，我们提供了一些历史注解，这样你就能够将许多这样的美妙思想安置在历史的背景下。当人性的元素被注入数学讨论之中时，总会有一些吸引人的地方。数学也有一些自己的历史，这是学生们喜闻乐见的。教学大纲中常常遗漏了这一点。教师们不愿意牺牲宝贵的课堂时间来介绍数学的这个"人性的一面"。这一点点时间上的投入（正如用来展示本书中的一些美所花费的时间）可以对激发学生的积极性产生很大帮助，这样他们就会转而成为更加善于接受课程教材的学习者。

你应该开始收集一些趣味数学方面的书籍，阅读它们，并把它们当作参考书。有许多书讨论的是通常学校里不教的一些论题。这些书可能包括数学史书、(各种不同层次的)解题书,以及一些论述特殊主题的专著(例如幻方、数学消遣等)。本书中提供的内容只是为了激起你本该具有的一种欲望,去激发年轻人对于数学的兴趣。

　　作为一项持续的工作,你可以挑战自我,将每天报纸上刊登的合适的数学应用列成一张清单。其中特别有意思的是找出一些数学上的差错,然后向你的学生们展示。这会让他们变成更加具有批判性的读者。可以找到此类例子的地方有:一位记者的推理过程,对展示数据的一个总结,由于(误)应用数据导致报道产生倾向性,数据的计算(有时候不正确),几何学错误,或者对数据的解释,有时候你可以用一种与作者完全相反的方式来对数据作出解释。

　　1987年,当我和女儿在一起阅读《纽约时报》时,我们注意到一位记者在提到勾股定理时所出的差错。她强烈要求我给编辑们发送一份校正,而我也这样做了。这次经历使我成为了这份报纸的一名更为敏感的读者。因此,每当有需要校正或者评注的地方,我总是会很快作出反应。正如我在前言中提到过的,我 2002 年 1 月 2 日发表在《纽约时报》(专栏版)上的评论,收到的回应信件约有 500 封,于是就衍生出了本书。我希望其他人也会阅读这些报纸,并且在适当的地方加以评注,以保持数学的正确性。现在你对于数学的这种新发展起来的爱好已经得到了强化,我们期望你至少要为你的学生树立好榜样。

致　谢

　　我们从各种各样的来源中获得了许多可爱的数学理念。有些理念留在记忆中根深蒂固，另一些则随着时间逐渐消退。我深入地挖掘我的记忆宝库，为本书寻找有趣味性的材料。我阅读过数百本数学书籍，很可能从中得到了本书中的一些理念，而要列出所有这些书是不可能做到的。在过去的数十年间，我也从许多优秀的同僚和学生那里得到了本书中所呈现的一些理念，要全部答谢他们也是不可能做到的。不过，我想感谢柏林洪堡大学的莱曼(Ingmar Lehmann)博士，他如此慷慨地为我提供了一些精到的理念。我还要感谢科恩(Jacob Cohen)、林克尔(David Linker)和达冈(Amir Dagan)帮助我校勘了原稿，以及西瓦诺维茨(Jan Siwanowicz)为我提供了技术协助。自然，我还要真挚地感谢洛因(Barbara Lowin)，在我想方设法找出那些最能调动读者积极性的理念，然后将它们用恰当的容易理解的形式表述出来的过程中，她担任了试读者的角色。最后，我很感激在准备本书出版的过程中，管理与课程设置协会的编辑们所提供的鼓励与协助，以及技术排版公司的伯克(Tina Burke)所提供的支持。

2002年10月18日

关于作者

  波萨门蒂是纽约城市大学城市学院下属教育学院的院长和数学教育教授。他为教师和中学生们撰写和合著了许多数学书籍。作为一位客座教授,他所钟爱的是那些能充实年轻人学习经历的主题,其中包括数学题的解答,以及介绍能展示数学之美的不常见主题。波萨门蒂也经常在报纸上发表与数学及其教学相关的主题评论。本书的成书反映了他的这些喜好,同时也产生于他的一种愿望:希望将一些令人耳目一新的、能激发兴趣的理念带入常规的课堂教学之中。

  在纽约城市大学亨特学院获得数学学士学位后,波萨门蒂到纽约布朗克斯区西奥多·罗斯福高中担任数学教师,他在那里致力于提高学生们的解题技巧,同时还充实他们的学习内容,远远超出了传统课本所提供的范围。波萨门蒂还组建起该校的第一批数学小组(既有初级的,也有高级的)。这项努力的结果是设立了一个特别数学班,设立的目的是让学生们有机会以一种不同寻常的观点来探究一些熟悉的主题,并让那些高于平均水平的高中学生有机会研究一些不属于中学课程构成部分,而又明显力所能及的主题。他目前参与的工作是帮助美国国内和国际上的教师们最大程度地提高教学效果。

  他刚一担任城市学院的教职(在他从那里获得他的硕士学位之后),就立即开始为中学数学教师们开发一些在职课程,其中包括像趣味数学和问题解答这样的一些特殊领域。

　　波萨门蒂在纽约福特汉姆大学获得数学教育博士学位,自那以后他在数学教育方面的名声远播欧洲。他曾在奥地利、英格兰、德国和波兰的好几所大学中担任客座教授,最近担任的是维也纳大学和维也纳科技大学的客座教授。之前,他于1990年成为富布赖特教授①。

　　1989年,他荣获英国伦敦南岸大学名誉成员称号。为了表彰他的杰出教学工作,城市学院校友会提名他为1994年年度教育家,纽约市议会议长让1994年5月1日这一天以他的名字为荣。1994年,他还荣获奥地利共和国最高荣誉勋章。1999年,经国会批准,奥地利共和国总统授予他奥地利大学教授头衔。

　　如今,在城市学院就职33年后,波萨门蒂仍然在探索让教师和学生都对数学感兴趣的方法,并将此书看成是达到他目标的另一种媒介。

---

① 富布赖特计划是一项由美国政府资助的国际教育交流计划,为学生、学者及专业人士提供在海外学习交流的资金。——译注